中国郊野园林第一家
习家池

罗哲文 题

清《襄阳府志》《襄阳县志》习家池图

智家池圖

流芳習家池

中国人民政治协商会议襄阳市委员会　编

中国文史出版社

《流芳习家池》编委会

荷花池春色

秋染习家池

习家池雪景

习家池俯瞰

代　序
敬咏习家池

王祺扬

郊野园林第一家，

文华景胜世人嘉。

传经正史名千载，

修禊酣吟著五车。

秀巘高祠仰风节，

澄池古树放繁花。

甘泉不息成襄水，

昭日浩空飞彩霞。

（作者系中共湖北省委常委、襄阳市委书记）

习家池卧石

前　言

　　有山无水则不秀，有水无山则不灵。风景之美在于山与水的绝妙组合。襄阳正是这样一座山清水秀的城市："中华腹地的山水名城，这才是一座真正的城！古老的城墙依然完好，凭山之峻，据江之险，没有帝王之都的沉重，但借得一江春水，赢得十里风光，外揽山水之秀，内得人文之胜，自古就是商贾汇聚之地。今天，这里已成为内陆重要的交通和物流枢纽，聚集山水之精华。"这是由金庸、梁从诚、冯骥才等著名人士组成的评委会给"中国魅力城市"襄阳写下的颁奖辞，也是襄阳的真实写照。秦岭和巴山余脉逶迤西来，绾结于蜿蜒东去的汉水中游，大自然给予了这里特别的眷顾、钟爱和恩赐，缔造出一座名副其实的山水家园。在这片钟灵毓秀的大地上，习家池是山与水完美组合的代表作，在襄阳众多的历史文化名胜古迹中，习家池是具有标志性意义的人文景点。

　　在中国园林史上，习家池堪称经典教科书式的存在。习家池是中国最早的私家园林之一，也是现存汉代历史园林遗迹中很少可以确切指认地点的名园。自东汉初年创建，延续留存至今，已有近2000年的历史。享誉中外的明代造园大师和园林学者计成在其名著

《园冶》中将其奉为"私家园林的鼻祖",强调要"构拟习池";当代已故著名古建筑学家罗哲文亲笔题写了"习家池——中国郊野园林第一家"。习家池是中国私家郊野园林典范,历来为文人雅士、官宦名流、黎民百姓的必游之所。

习家池傍依秀雅岘山,面临碧绿汉水,环境幽美,交通便利,有着得天独厚的历史文化资源和自然景观资源。习家池园囿开创了利用自然山水配合花木房屋建造园林的造园风格,是山水园林文化的代表和象征,其中反映出的规划设计智慧,包括对自然山水的审美取向,营造人工与自然和谐的关系,重视文化与艺术境界的创造等,这些理念和原则至今仍为造园设计所沿袭。

"源自习国,望出襄阳"的习氏一族历史上贤良辈出,才俊迭显,史料记载仅汉晋时期襄阳习姓名士就有14人,其中杰出的代表人物有东汉襄阳侯习郁、蜀汉忠烈志士零陵郡北部都尉习珍、东晋史学家习凿齿等。习凿齿留下的千古名作《汉晋春秋》,其尊刘抑曹的"正统"史观对后世治史产生了深远的影响;他撰写的地方人物志《襄阳耆旧记》,为记载和传播襄阳历史文化作出了突出的贡献;他力邀高僧释道安到襄阳传经弘法,创立了新的佛教学派"本无宗",使襄阳一度成为享誉全国的佛教文化中心。众多与名人名著相关的历史典故,使习家池不仅仅作为历史遗迹而存在,而且积淀和传达出丰富的历史文化信息。

习家池文脉绵长,内涵丰富,其原生和衍生的园林文化、祭祀文化、隐逸文化、诗酒文化、雅集文化、史志文化、宗教文化、农耕文化等,流播广远,影响深巨,体现出极高的史学价值、文学价值和美学价值，为人文襄阳书写了浓墨重彩的篇章。襄阳习氏先贤功在千秋，彪炳史册。

习氏一族以其精忠报国的不朽功绩和对地方经济、政治、文化及社会建设的突出贡献，赢得了襄阳民众发自内心的敬重和珍爱，官方对习家池的修缮活动代有延续，民间自发的维护也从不间断，这也是习家池饱经沧桑而能保存至今、风采依旧的根本原因。

本书以古代文献资料和现有研究成果为参考，旨在客观全面地展示习家池的自然景观、历史渊源和人文精神，重点挖掘其潜藏的历史信息、承载的丰富文化和蕴含的宝贵价值，赓续城市文脉，增强文化自信，保护传承中华民族优秀历史文化，促进襄阳文化强市建设和加快襄阳都市圈高质量发展，为湖北构建新发展格局先行区以及强国建设、民族复兴作出襄阳应有的贡献。

习家池习氏宗祠

目　录

附录　重要碑文

1936 年的习家池

第一章
习池春秋

习家池入口

第一节　习池清游

　　襄阳古城向南约 5 公里，在汉江之滨的凤凰山（又名白马山）南麓，盈盈一汪清泉，犹如一面晶莹的圆镜，镶嵌在茂林修竹之间。这里便是山与水完美组合的习家池。

　　从高处鸟瞰，习家池三面环山，一面临水，山色苍翠，水光潋滟。

　　沿着梧桐和银杏树掩映下的青草坪之间的沥青路走进习家池的大门，首先映入眼帘的是一块巨大的卧石，上面镌刻着已故中国古建筑学家罗哲文先生的题字："中国郊野园林第一家。"卧石背面是一方清澈的池塘，仿佛一面仪容镜，提示着人们进入了一个超然的境界。顺石板路觅行，渐次进入一个幽邃的所在，只见苍松翠柏，流水涓涓，亭台掩映，鸟语花香，宛然桃花源，步移景异。石板路两侧间立有李白、杜甫、孟浩然、皮日休、欧阳修等历代文学家诗词的碑刻。

　　从一片松竹林间穿过，眼前豁然一亮。箕形山坡下，累累卧石和簇簇青葱之间，一个看上去有三四亩，澄澈宁静，晶莹温润的池塘，映照着青山绿树，蓝天白云，日月沉浮。据说这就是养鱼池，也被称为观鱼池、荷花池。池东北角有高出水面约 2 米的芙蓉台，亦称钓台，台中心有一座二层"湖心亭"，重檐六角，斗拱飞檐，东晋名士、襄阳习氏家族显宦、著名史学家、文学家习凿齿曾在湖心亭临池读书、登亭著史。檐柱为四角方石

荷花池、钓台与湖心亭

柱，厚实古朴。挑檐和额枋上遍饰象征吉祥的天官赐福、万事如意、蝙蝠双至、犀牛望月、凤凰展翅等雕刻图案，形象逼真，栩栩如生。亭内有楼梯可登上第二层。其周绕以雕花石栏，凭栏可赏出水芙蓉，悠然游鱼。亭北部以路桥与岸相通，路桥入口处为一小巧精致的门楼，粉墙黛瓦，檐角高翘，横额上书"习家池"三字，古朴苍劲。整个池、台、亭联为一体，相映成趣。池畔四旁，松、柏、桂、槐等古木交错，毛竹滴青流翠，楚楚动人，纷纷繁繁的花草姹紫嫣红，葳蕤秀丽，芬芳馥郁。如此美景，很容易让人联想到古代文人骚客和社会名流垂钓养生、赋诗唱和的情景。

养鱼池西南侧，依偎着两个造型别致的副池，小如戏台。一个满圆似日，芳名溅珠；一个半圆如月，雅号半规。故又称"日月池"，象征"天地共存，日月同辉"。溅珠池下有泉眼喷吐，上有古槐覆盖，池中鱼儿游弋，两池中间有一条暗逗相通。山风拂过，两池涟漪，表情各异，步园临池，别有情

小门楼

半规池与溅珠池

半规池

溅珠池

习氏宗祠内景

习氏宗祠内景

习氏宗祠门楼

趣。哲人云：养数盆花，探春秋消息；蓄一池水，窥天地盈虚。千百年来，此间主人坐卧随心，闲看庭前花开花落；去留无意，静观天外云卷云舒。

养鱼池西北约百米，是古色古香的习氏宗祠，庄重典雅。整个建筑呈二进四合院式布局，为明清时期襄阳民间风格，依次有牌坊式门楼、戏楼、拜殿和祖宗殿，两侧分布有看楼和厢房，窗户、门、檐饰件或采用镂空砖雕、石雕、木雕，或铺排彩绘等。建筑设计精美，做工精妙，雕琢精致，充分体现了民间工匠的聪明智慧和高超技艺，极富旅游观赏价值。作为习氏家族祠庙，习氏宗祠始建于何时有待考证，最早的记载见于明嘉靖年间。由于明末战乱，祠堂曾被毁，清道光年间在原址重建。现在的习氏宗祠是参照有关规制和惯例，按原有的规模、形制和风格修复的。门楼、戏楼、拜殿上挂有习姓宗祠通用楹联：

源自习国；
望出襄阳。

斑管流馨，擅荆襄之秀；
蓉楸垂映，挹汉沔之华。

史笔擅春秋之誉；
岘山留沼薮之华。

　　第一副楹联简单明了地道出了习姓的渊源和郡望；第二副楹联的上联说习凿齿占据荆襄之灵秀，著史修文而名留青史，下联是说东汉习郁把取汉水流域的精华修建了习家池，堤岸上种植的木芙蓉、楸树倒映于池水之中，美景如画；第三副楹联的上联指习凿齿著《汉晋春秋》的故事，下联指习郁在岘山建造习氏名园的史实。这三副宗祠楹联都没有留下作者的时代和姓名，却明确道出了习氏郡望和先祖的功德事迹。

　　出习家祠堂后门，继续沿西北方向上山，依次可以见到禊饮堂、白马泉和白马寺遗址。古人于农历三月第一个巳日祭祀宴聚的习俗称为禊饮，依据古代零星描述文字而新建的禊饮堂位于习家祠堂与白马寺之间的中部，堂前有白马泉水流经此处受阻而形成的微型"堰塞湖"，天然地满足了"临水修禊，宴饮行乐"的禊饮条件。白马寺是高僧释道安当年应邀来襄阳讲经弘法时，习凿齿将祖产拨给道安僧团作为驻锡之地的"大本营"，虽然早已隐没在历史的尘埃中了，但从其位居城郊的区位和靠山临泉的地势来看，可以想象出昔日香客云集和梵音缭绕的场景。

　　养鱼池北面约 200 米的半山坡上，是新修建的怀晋庄园。据史料记载，宋代时习家池毁于兵灾，嘉定年间（1208—1224 年）重建时新增庭堂、斋舍 28 楹，题匾为"习池""怀晋"，还在新建的院墙中间辟山门一座，题匾"习池馆"。现在的怀晋庄园便是因此而来。整个庄园占地 6000 多平方米，建筑形式为习郁故居，以陈列展示为主。

　　进入怀晋庄园门楼，依次是前殿、望楼、大殿、宅室等 13 栋仿古实木建筑，按东园西院排列，布局疏朗有致，朴实大方，具有魏晋时期名人士大夫宅园的特点。大殿内陈列有襄阳习氏源流、兴盛、迁徙、繁衍、流播情况的文字和图片，有习家池创建、演变过程的说明和历代修缮习家池的碑记石刻拓片资料，有习氏名人生平、履迹、成就、地位和影响的介绍，有习凿齿《汉晋春秋》等传世著作的辑录本，以及展示习家池所蕴含的诗、酒、佛、隐、修禊等文化内涵的实物和民间故事，还有专家学者的

裮饮堂雪景

怀晋庄园

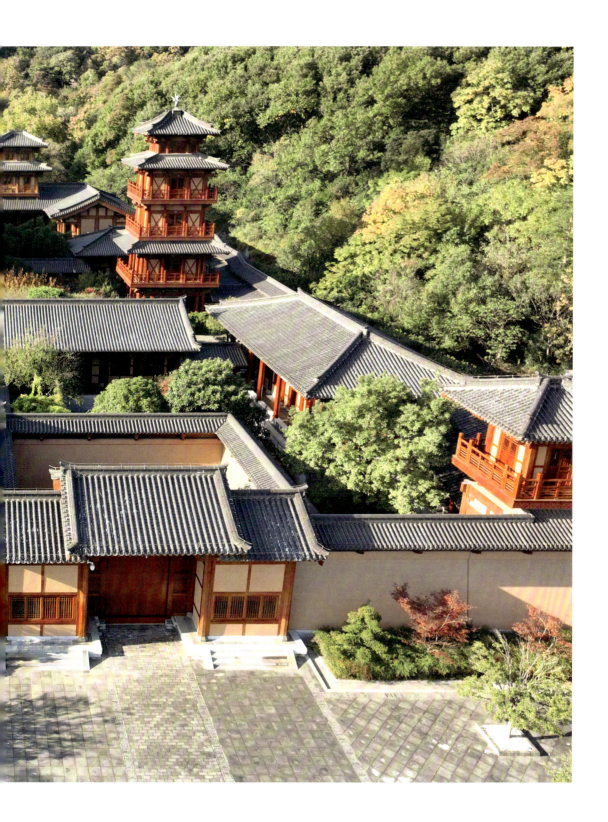

研究成果和著述等。

怀晋庄园背倚岘山诸峰，俯瞰东南。登上五层高的望楼顶层，水天一色的汉江烟波一览无余，草木葱茏的原野阡陌尽收眼底。绿树掩映中高阳池馆残迹与养鱼池呈东西向相对坐卧，仿佛于一盘棋局之侧窃窃私语，讲述着过去的故事。

据介绍，如今习家池的总面积比改革开放前有较大扩展，但恢复性重建和扩建都是参照史料记载进行的，保留了遗址遗迹的原始格局。

一年四季，习家池园林皆有赏心悦目之境界。阳春柳浪闻莺，炎夏荷风送香，金秋碧池印月，隆冬暖雪沃松。轻轻地徜徉于其中，让思绪穿越时空，注目凝视，侧耳聆听，那些睡眠在书页中的人们仿佛又欢活起来，一张张形色各异的面孔影影绰绰地在眼前闪现，一阵阵南腔北调的歌声、笑声、吟诵声隐隐约约地从密林间传来……

第二节　历史渊源

习家池是我国少有的可以准确指认的汉代建筑遗址。今天能见到的最早的关于习家池的文献，是东晋习凿齿所著《襄阳耆旧记》卷3《山川·习家鱼池》的记载：

襄阳岘山南八百步，西下道百步，有习家鱼池。汉侍中习郁依范蠡养鱼法，中筑一钓台。郁将亡，敕其儿焕曰："我葬必近鱼池。"焕为起冢于池之北，去池四十步。池边有高堤，皆种竹及长楸、芙蓉，菱芡覆水，是游宴名处。山季伦每游此池，未尝不大醉而还，恒曰："此我高阳池也。"

而对习家池最详备的记载来自北魏郦道元的《水经注》卷28《沔水中》：

襄阳城东有东白沙，白沙北有三洲，东北有宛口，即淯水所入也。……又径岘山东……沔水又东南，径蔡洲……又与襄阳湖水合……东南流径岘山西，又东南流，注白马陂水，又东入侍中襄阳侯习郁鱼池。郁依范蠡养鱼法作大陂，陂长六十步，广

四十步，池中起钓台，池北亭，郁墓所在也。列植松篁于池侧沔水上，郁所居也。又作石洑逗，引大池水于宅北作小鱼池，池长七十步，广二十步，西枕大道，东北二边限以高堤，楸竹夹植，莲芡覆水，是游宴之名处也。山季伦之镇襄阳，每临此池，未尝不大醉而还，恒言此是我高阳池。故时人为之歌曰："山公出何去？往至高阳池。日暮倒载归，酩酊无所知。"

习凿齿对自家鱼池的记载无疑是最权威的，他清楚明确地将习家池界定于岘（首）山南八百步，在当时的大路以西一百步。《水经注》中的沔水即汉水，襄阳湖是襄水下游的一个湖泊，也可以说襄阳湖水即襄水，因此习家池距襄水与汉水交汇处不远。

步是我国古代最重要的长度标准之一，古时将同一只脚一个起落间的距离称为步。周时八尺一步，秦汉改为六尺，但尺的长度并不统一。据《中国古代度量衡图集》和出土的不同时期的尺子的比对结果，东晋时一步六尺约为 1.5 米。照此计算，习家池就在现在的岘山南千余米的观音阁北侧、襄水入汉水处不远的岘山东麓的大路旁。当时的大鱼池长约 90 米，宽约 60 米，面积约合 8 亩，小鱼池长约 105 米，宽约 30 米，面积将近 5 亩，两池之间用暗逗引水，相隔当有一定的距离，又习郁墓在池北约 60 米，整个宅园面积当有数十亩之大。

然而，与记载相对照，现今的习家池有明显的"错位"，而且鱼池的长宽尺寸也小了许多。这是怎么回事呢？

近几十年来襄阳的考古发现证明，两汉时期襄阳城内外人们居住的高地比现在地表普遍低约 3 米以上，习家池前是一片非常开阔的河旁滩地，在此入汉江的襄水即唐代诗人孟浩然所说的北涧，他就住在北涧南的山麓河滩上。汉晋时期习家池段汉水河泓较现在靠东得多。明嘉靖以前，荆（州）襄（阳）大道一直在观音阁下的汉江西山麓河滩上，郦道元时比现在偏东百步（约 150 米）以上。

北宋末南宋初，在襄阳为官的庄绰曾寻访习家池，所著《鸡肋编》记述："余尝守官襄阳，求岘山之碑，久已无见……习池在凤林山北岸，为汉江所啮，甚迩。数十年之后当不复见矣！"他认为几十年以后习家池将不复存在。南宋项安世（1129—1208）曾多次游历习家池，他留下的诗中透露了习家池的一次变迁。《重过习池》诗写道："征鞍重过习家池，桥下泉声又索诗。"交代出习家池不仅有池，还有桥和泉。另一首《习家池旧临官路，今路改而东，池半入驿，吏引自桑林中往观，因记所见》写道："步入荒林问习家，江吞古岸入平沙。"诗题和诗句清楚地交代了习家池与官路、驿站的基址关系。由于汉水崩岸，部分习家池已入为"平沙"，此时的习家池显然已经荒废，只是"枯池"尚在。项安世留诗大约二十年后，尹焕在《习池馆记》碑文中宣告，荒废的习家池得到了重修。据其所记，当时习家池的位置就在现岘山南八百步（千余米）的观音阁北麓的汉水边，距江岸只有不足百米的距离。由此说明，从晋到宋，汉江河滩渐被消蚀，江岸离习家池越来越近了。此后汉水河泓不断西移，宋以后开始冲刷观音阁下汉江边的荆襄大道，到明代时大道崩塌得已非常狭窄。据乾隆《襄阳府志》，正德十六年（1521 年），兴献王朱祐杬之次子朱厚熜离开其封地安陆（今钟祥）进京继承皇帝位，为此专门为其在观音阁上新修了御道，从此，荆襄大道改由观音阁上的山腰经过，路基也较原来抬高了约 10 米。

宋以后，只有一人对现习家池不是汉晋时习家池提出过质疑，他就是明嘉靖二十六年（1547 年）进士、著名文人王世贞。王世贞曾到襄阳考察过习家池，他在《宛委余编》中写道："余过襄阳，城南十余里为习家池，不能二亩许。乃是流水汇而为池耳。前半里许，俯大江。按《水经注》，'沔水径蔡洲，与襄阳湖水合'云云，然则今之习池，非复昔之旧矣。又，其地高，不可引湖水。"这一记述当是研究习家池历史变迁的重

汉晋习家池位置示意图

汉晋习家池位置示意图

要资料。

　　综上信息，对比现今习家池地理位置、宅园面积等与原始记载的差异，湖北文理学院襄阳及三国历史文化研究所原所长叶植教授等学者分析认为，河滩消蚀殆尽后，习家池从汉江岸边被"挪移"到了地势更高一些的山林中，而且"瘦身"了。

　　前面两段引文，在介绍了习家池所处方位后说，汉朝侍中襄阳侯习郁依春秋末越国大夫范蠡养鱼之法，在宅前筑堤修池，引入白马泉的水，池中垒起钓鱼台。习郁去世后由其子习焕安葬池北，建有亭。池边有高堤，种有竹、楸、芙蓉，菱、芡覆于水面，是游宴名处。西晋征南将军山简（字季伦）镇守襄阳的时候，经常到习家池游憩，总是大醉而归，他还以高阳酒徒郦食其（汉高祖著名谋士、功臣）自居，称习家池为他的高阳池，当时人们便给他编了一首笑话其醉酒之态的歌谣。

山简称习家池为高阳池，到底是以"高阳酒徒"自况，还是无可奈何的自嘲，抑或是以郦食其的功业自勉，今人不得而知。不过，与郦食其的韬略事功相比，山简自称"高阳酒徒"虽有几分辱没其名声，却使得习家池从此与放达、与诗酒结下了不解之缘而更加声名远播，习家池从此也被称为"高阳池"，成为高雅、旷达、不拘礼俗酒文化的代表和象征。襄阳习氏亦从中受益，习氏族人习毗还得到山简的擢用，三国以后襄阳习家人由此再次进入仕林。此为后话。

引文中的岘山，相传为赤松子（上古神仙）洞府道场，传说伏羲葬于此处，身体化为岘山诸峰。她横亘于襄阳城南，起于城西十里的万山，终于城南二十余里的百丈山，峰岭相叠，蜿蜒盘曲，是一座名副其实的历史文化名山。

引文中的"东南流径岘山西，又东南流"当为"东南流径岘山东，又西南流"之误，因为岘（首）山西为高大绵延的群山，襄水的实际流向只能是从襄阳城南岘山北麓东南流，绕经岘（首）山东转西南流，在岘山南千余米的观音阁北侧入汉江。还有，郦道元称小鱼池"西枕大道"与习凿齿所记"西下道百步"相悖，应以习氏记载为准，即"东枕大道"。

那么，习家池具体建于何时？习郁当年为什么选址于此，还要模仿范蠡养鱼之法建造这样一座园林呢？

习郁是习氏历史上有记载的第一个树功扬名且声名较为显赫的人物，其生平极为简单且生卒年不详。零星的记载源自其裔孙习凿齿的《襄阳耆旧记》：

后汉习融，襄阳人，有德行，不仕。子郁，字文通，为黄门侍郎，封襄阳公。

《襄阳耆旧记》卷3《山川·鹿门山》还有如下表述：

> 鹿门山，旧名苏岭山，建武中，习郁为侍中，时从光武幸黎邱，与武帝通梦，见苏岭山神，光武嘉之，拜大鸿胪。录其前后功，封襄阳侯，使立苏岭之祠。刻二石鹿，夹神道口，百姓谓之"鹿门庙"。或呼苏岭山为鹿门山。

这两段记述表明，习郁是后汉（东汉）襄阳籍有德士人习融之子。"郁"字或取自孔子的"郁郁乎文哉"之意，字文通，与名正好关联呼应，体现出其深受儒家思想文化理念熏陶。他曾在光武帝身边任黄门侍郎、侍中、大鸿胪等职，最终获封公侯。

黄门侍郎，西汉时是指工作于黄门（宫门）之内的郎官，东汉时设为专官，或称给事黄门侍郎，是宫廷中的办事僚属，其职责为侍从皇帝、传达诏命。侍中，是正规官职外的加官之一，因侍从皇帝左右，出入宫廷，

鹿门山牌坊

鹿门寺正门

与闻朝政，逐渐变为亲信贵重之职。《后汉书·献帝纪》中称："初令侍中，给事黄门侍郎员各六人。"《汉官仪》曰："侍中左蝉右貂，本秦丞相史，往来殿中，故谓之侍中。……至东京时属少府，亦无员，驾出则一人负传国玺，操斩蛇剑，乘舆中，官俱止。"其职务相当于皇帝的贴身秘书。大鸿胪为朝中九寺大卿，属司徒府三大部之一，职掌接待分封的诸侯王国及少数民族降附后授有封爵者的宾客，承办诸侯王国及少数民族降附者的册封、朝拜、吊丧等，主行郊庙祭祀等大型活动，与后世朝中礼部的职责类似。封侯，是指因为功绩显著而被皇帝赐予爵位，通常也会赏赐食邑，用来表示身份等级与权力的高低。东汉时，封爵的爵级主要是王、列侯两等，异姓功臣被皇帝赐封爵位只能封为列侯。

《水经注·沔水中》对习郁的封邑有所记载：

　　沔水又东南，径蔡洲……又与襄阳湖水合……东入侍中襄阳侯习郁鱼池……其水下入沔。沔水西又有孝子墓，其南有蔡瑁冢，……沔水又东南径邑城北，习郁襄阳侯之封邑也，故曰邑城

矣。沔水又东合洞口水……（经）又东过中庐县东，维水自房陵县维山东流注之。

孝子墓在习家池南三里，现保存完好。维水在宜城小河口入汉江。沔水经岘山、习家池、孝子墓过邑城后到维水，邑城应在孝子墓与小河口之间，也就是说，习郁的封邑是在包括习家池在内的襄阳至宜城之间的邑城。

习郁因功封侯之后，他富且贵，儒而雅，极有可能在奉旨修建苏岭祠之后，法眼堪舆，在自己的封邑、自己的宅第旁边兴建了养鱼池并种植了花草树木。从《后汉书》《东汉会要》等的记载中可知，当时，王侯、贵族、士人营建家宅庭院的情况不少，汉赋中描写庭院中绿树浓阴、虫鸣鸟叫的小情调文辞屡见不鲜。很显然，习郁顺应了时尚潮流。根据光武帝刘秀巡幸黎邱的时间为建武四年（公元28年）推断，习家池应该是始建于公元28年之后不久，至今已有近2000年的历史。

史载，习郁是仿越国大夫范蠡养鱼法在自家院落建造了休闲式私家园林习家池，但范蠡曾建造过一座中间起钓台的养鱼池之事不见记载，幸亏习凿齿在记述习郁兴建习家池时提及才得以让世人知晓。《史记·越王勾践世家》里说，范蠡任越国大夫，辅佐越王勾践灭吴后功成身退，遁隐于定陶，从事商业贸易致富，称"陶朱公"。《大明一统志》卷23《兖州府》"范蠡湖"条载：

范蠡湖在定陶县城内西南隅，其地洼下多水，俗传为范蠡养鱼之所，今涸。

太湖边也有类似的附会记载。也就是说，范蠡湖仅仅是利用地势蓄水养鱼而已，明朝时已干涸了。习家池虽为模仿养鱼湖建造，却与范蠡养鱼湖有所不同。二者均蕴含深厚的文化韵味和情趣，代表着上层社会人士功成名就的志得意满，以及激流勇退后悠然自得的休闲生活方式。而习郁的养鱼池主要是用来休闲娱乐的，功能布局另有追求。从建筑环境学来看，习郁在习家池的居住环境和功能布局上有独到之处。

习郁将宅第、墓地和养鱼池集中于一园，或许是他早在修建宅第时就相中了这块风水宝地并有了园林规划。不过，《水经注》记载，习郁在今宜城还有另一处宅第。《沔水下》：

> 沔水又东，径猪兰桥，……桥北有习郁宅，宅侧有鱼池，池不假功，自然通溢，长六七十步，广十丈，常出名鱼。

习郁为什么要修建两处池宅呢？郦道元在同一卷的相邻段落、同一河流中同时提到两处习家池宅绝非偶然或笔误。习氏世为乡豪，当时正是世家大族的鼎盛时期，习郁同时有几处宅第不足为奇，宜城宅第当为其别业。汉晋豪族往往在其封地多处置业，襄阳大族习氏近邻蔡瑁就有别业四五十处。《大清一统志·襄阳府二》"习郁宅"条也转载了郦道元的说法："(习郁宅) 有二：一在襄阳县南习家池畔；一在宜城县东。《水经注》猪兰桥北有习郁宅，宅畔有鱼池。"其规模结构与襄阳习家池几乎一模一样，也是利用自然水系建成，可见习郁对自然山水的热爱，对亭、池情有独钟。

其实，宜城宅第所处的位置地势平坦、沟壑交错，适宜农耕却常有水患，故其主要居住地选在襄阳。他在建造襄阳宅第时，选择了依山傍水的城南，名山岘山的南侧。从自然环境看，习家池东临滔滔汉江，北依高耸的凤凰山，南迎略低的铁帽山，东、西有南北走向并且顺势由北向南趋低的山梁围合左右，其中又有一个小埠突起，形成一个北高南低、左右围合的地形；内有取之不尽、用之不竭，出自凤凰山的白马泉水。白马泉水汇山泉之水而成一条涓涓流淌的小溪，天然形成一个完整的、封而不闭的居

地佳址。这里山有脉、水有源，一切取自天然，贵乎天然，可谓山、水相得益彰之地。习郁充分利用优越的地理环境条件，因山就势、因地制宜，依山引水、法乎自然，做足了山水文章。

习家池整体上划分为园林区、居住区、祠庙区、种植区、墓葬区五大功能区。其中园林区是以白马泉为中心进行家宅园林造景布置的，包括鱼池、钓台、六角亭及周边景观树和花卉，还有习池馆（别称凤泉馆、高阳池馆）等休闲接待设施。这一区域成为汉代私家园林习家池之精华被传承下来，使之成为历代达官贵人、文人墨客经常光顾之地，也成为习家池延续至今的重要传承条件。居住区据历史遗址推测及《水经注》《襄阳县志》记载，应在今天习家池东北的小山冲处。在小山冲土层中，发现有大量古瓦砾及典型的汉砖，应是习宅的用地布置区。习郁身为官宦，其宅院应由七至九进院落和附属建筑组成，楼宇层叠，气势恢宏。宗祠区的祠庙是在历代营建中逐步纳入规划布局的。其位置在白马泉溅珠池之西北山冲内，与佛寺并存。种植区为花卉苗木培育区和蔬菜果品生产区。今焦柳铁路以西、习家池之东南洼地区域内，原苗圃基地雏形尚存。墓葬区是襄阳汉墓中有历史记载、位置至今能够确认的墓葬群。在习家池修复工程土地平整中，这一区域出土了不少用于下葬的汉砖和随葬器物残件。总之，习家池在居住、园林、休闲度假、观光游览等方面创立了古今造园的一个范式。

第三节　园林艺术

在中国文化土壤上孕育出来的园林艺术，发展到今天已经形成一套成熟的理论。园林艺术是一种依照美的规律来改造、改善或创造园林环境，使之更自然、更美丽、史符合时代与社会审美要求的艺术创造活动。园林艺术是对环境加以艺术处理的技巧，它是与功能相结合的艺术，是有生命的艺术，是与科学相结合的艺术，是融合荟萃多种艺术于一体的综合艺术。

当初，习郁在设计创建习家池园林之时，或许除了休闲娱乐这个单纯的目的之外，并没有想得太多，或许纯属纵情山水，率性而为，并没有期望能传之后世，其至成为经典，卓为风范。他的"无心之举"，抑或是讷言敏行，竟与后世总结形成的园林艺术理论暗合无榫。

习郁将府第置于园林中央，宅南开挖一个大鱼池并筑堤汇蓄白马泉水，府第的北面又开挖出一个小鱼池。其水流流向应是：白马泉水→大鱼池→宅第→小鱼池→汉江。最为匠心独运的创意是，将大鱼池水以石洑暗逗的方式穿宅过院，引到宅北的小鱼池中，使宅第中流水淙淙，宅第外水汽氤氲。用石洑逗引水穿过宅院，除了引大池水进入小池的作用外，还为宅院空间带来了流动的景观点缀，其弯曲的形状，充分迎合地形特征，尽显自然之态，弱化了人工痕迹，也是一种空间营造智慧的体现。

　　大鱼池中央起钓台，池北四十步为习郁的墓地，并建有一亭。居所四周和池旁成排成行地种植松竹，池中则种植多种水生植物。其中最著名的建筑是建于陂中的钓台（芙蓉台）及六角亭。六角亭为六面二层攒尖顶，砖木结构。在钓台北侧桥与岸连接处，建有仿木结构的砖砌二层翘角牌楼门一座，为钓台的配套建筑物。大鱼池旁的半规池和溅珠池，直径14—15米，深约2米，两池以涵管联通，作砖石护栏，半圆条石压顶，以砖砌镂空饰栏杆墙。

　　习家池建筑风格富有鄂西北地区特色，并根据本地气候情况进行了创新，亭、台、楼、阁、祠、庙及泉池等建筑群落别具一格。习郁贵为襄阳侯，其建筑和装饰规格都较高。如记载中的风泉馆，属二层歇山顶、五开间，丛台式外廊建筑：一正脊，四垂脊，为二层滴水的四坡外挑屋面。其屋脊脊饰也很讲究：正脊中置宝瓶顶饰，两端置龙、凤之类物饰，其他四脊上饰以"五脊六兽"等陶制构件。檐口下以斗拱支撑，门窗上精工雕刻一些历史题材的故事浮雕。整个屋面显得格外大气。襄阳地区空气比较潮湿，夏季多雨，习家池建筑及住宅多建在人工台基之上，一显建筑之威严，二则防洪隔潮。由于年代久远，许多建筑实物已不可见，比如牌楼门（山门）等。

　　习家池在建造之初，还注意到了树木花草的特色性，"楸竹夹植，莲芰覆水"，这些襄阳本土易于成活、生长的植物，为习家池增添了幽趣，后世园林也多有效仿。另外，习家池巧妙地将亭台楼阁等建筑掩映于山水之间，使自然与人文和谐共处，也成为园林建造之本。

　　习家池整个建筑群落与自然巧妙融合，空间布局大气合理，全园的园林要素的布置是粗放而朴素的，自然、简约、实用而不奢华、不做作，在当时就已经具备了苏州园林的全部特征和中国文人园林的基本特点，具备了后世园林所有的山水池泉、亭台堤榭、茂林修竹和诗、史、酒、礼、民俗、休闲、垂钓等基本元素和文化内涵，充分体现了主人的文化素养、精神品格和审美情趣。

习家池高雅脱俗的园林艺术品位，奠基于其浓郁的历史文化底蕴，还在于其背后的襄阳特殊的自然地理根脉和环境氛围。它近依岘山汉水，远眺苏岭鹿门，共同构成了视域内的整体山水环境，而且这种环境依附在襄阳大山水格局的背景之下。在中国地理版图和物候分布图上，秦岭淮河是最明显的南北分界线，而襄阳正处于两者之中。这里是茫茫秦巴余脉的末端，又是浩浩江汉平原的起首，更是楚文化的核心发源地。黄河雄风和长江云雨在这里交流激荡，中原文化和楚文化在这里交相辉映，演绎出一幕幕荡气回肠的华彩乐章。这里汇聚了南方的灵秀，北方的雄壮，东方的文儒，西方的浑穆。东西包容，南北荟萃，中庸方正，仪态雍睦。

显然，居中的习家池就是这一方水土的文心和慧眼，是中国郊野园林皇冠上的一颗明珠。

千百年来，习家池创造的"人与自然和谐相处"的建筑理念和园林艺术风格，对后世影响之大，始终无出其右者。可以说，习郁鱼池的规划布局是可考的最早利用自然山水条件和花木、水体、亭、台与宅室建筑相结合的先驱，其造园的思想和手法为后世所推崇。山水、花木、建筑和谐搭配的诗情画意成为园林永恒的灵魂所在。后世集大成者苏州园林，无不以山水设景，且努力取真山真水的自然之趣。

东晋至隋唐，是习家池园林艺术与时尚最为合拍的时代。由于园林艺术同文学、绘画有着密切的关系，而当时的文艺思潮是崇尚自然，出现了山水诗、山水画和山水游记。于是，园林意境这个概念应运而生，园林创作从以建筑为主体转向以自然山水为主体；园林设计指导思想也以夸富尚奇转向以文化素养的自然流露为导向。至此，习郁当年所追求的园林艺术遍地开花结果，成为社会流行风尚。

明代，享誉中外的造园大师和园林学者计成在著名的园林学著作《园冶》中奉习家池为私家园林鼻祖，在论述郊野园林的择地、构筑和意

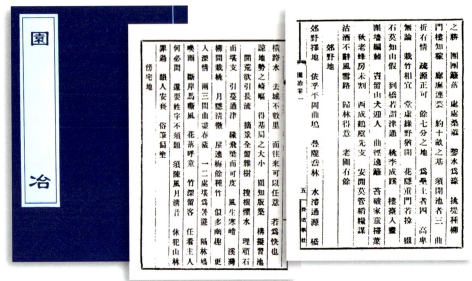

《园冶》书影

境时写道：

> 郊野择地，依乎平冈曲坞，叠陇乔林，水浚通源，桥横跨
> 水，去城不数里，而往来可以任意，若为快也。谅地势之崎岖，
> 得基局之大小，围知版筑，构拟习池。

  这里的"构拟习池"就是指构建郊野园林要按照习家池的选址原则，效法习家池的建造格局进行。从这段话中可以看出，习家池以构筑池塘的巧妙闻名。

  明末清初造园大家张南垣主张利用平岗小陂、陵阜陂阪，使园林山水尽可能地臻于天然，其中隐约可见习家池的影子。

第四节 历朝修缮

东汉襄阳侯习郁及其后人在历史上的强大影响力和习家池作为"游宴名处"的特殊地位，不仅使得习家池成为与诸葛亮隐居地古隆中齐名的名胜古迹，而且使之受到了历代地方政府的高度重视和广大民众的倾力呵护。从晋代开始，襄阳官民或以事关当地水利之重，或不忍古迹湮灭无迹，或远慕习氏先贤风采，都曾对习家池进行多次修缮保护，即使由于战乱、水患、长久风雨侵蚀等原因，习家池屡有废圮，但都得以修复，历代志书、文献都有比较详细的记载，其变迁、修缮脉络清晰有序，为后人在维修乃至翻新重建时提供了基本遵循。

一、晋至唐代习家池的演变

西晋时期，习家池保存完好，兴盛荣华，声誉鹊起，史称"荆土豪族诸习氏有佳园"。由于征南将军山简的日夕游玩、临池酣饮，带来了西晋上流社会诗酒放旷、名士风流的气象，习家池风雅一脉流播广远，也成为唐代"襄阳小儿齐拍手，笑杀山公醉似泥""襄阳好风日，留醉与山翁"等著名诗句的缘起。

在风起云涌的东汉末、三国、两晋时期，习郁后人繁衍昌盛，是地方

上很有影响的豪族，广泛参与政治、军事活动，在各个军事、政治集团中都可以看到习氏子孙的身影，于正史有载的显宦、名士就达十数人之多，极一时之盛，为人文襄阳写下了浓墨重彩的一笔。东晋时，以习凿齿的个人地位和社会声望来看，习氏家族颇显荣耀，即便是前秦入寇襄阳期间，由于苻坚对习凿齿的敬重加礼遇，习家池也能够得到有效的保护。所以，习家池在两晋时代是安然无恙的。

在两晋之后的十六国、南北朝以及隋朝，史书和文献中几乎没有关于习家池的记载，难以推断其安危境遇。至唐代，有关的具体记载资料也十分稀缺，但其悠久的历史、清幽的景物、风雅的掌故等让诗人们兴致盎然，因此，习家池这一地标式园林建筑及其典故广泛地出现在诗文中，为后人追踪习家池的发展脉络留下了蛛丝马迹。

不过，初唐、盛唐、晚唐时期诗人对习家池的描述迥异，甚至大相径庭。初唐时，五言诗的奠定者杜审言在《登襄阳城》一诗中记录了习家池风物可观异于寻常，所以引得游人如织的盛况，所谓"习池风景异，归路满尘埃"。但给人的感觉是，习家池对普通人开放，似已成为一个公共游览场所。而比杜审言小40多岁，盛唐时代与王维齐名的山水田园派诗人孟浩然在《高阳池送朱二》中，却感叹当时的习家池远不如昔日繁华，荒凉不堪，甚至已经成为牧马之所："一朝物变人亦非，四面荒凉人住稀。意气豪华何处在，空余草露湿罗衣。此地朝来饯行者，翻向此中牧征马。征马分飞日渐斜，见此空为人所嗟。"晚唐时，也就是孟浩然去世约100年之后，与陆龟蒙齐名的诗人、文学家皮日休在《习池晨起》中描写的习家池钓池宛在，亭台依然，"数声翡翠背人去，一番芙蓉含日开。菱叶深深埋钓艇，鱼儿漾漾逐流杯。"仍旧是人们游玩、饮酒、钓鱼的好去处。为什么会出现如此大的反差呢？综合来看，同样是诗家语，孟浩然"言过其实"，他笔下所描绘的"荒凉"也应该只是相较于两晋时期而言。

据宋陈思著《宝刻丛编》卷3《访碑录》记载：唐卢允中撰《广习池

记》，大历二年立。这说明，唐大历二年（767 年）对习家池进行过扩修并立碑为记。从时间上看，这是孟浩然去世 27 年之后的事，由此推断，在孟浩然生活的年代，习家池的部分建筑跟杜审言生活的年代相比，当是因风雨侵蚀等缘故变得破败了，是到了该修缮的时候了。而到了皮日休生活的年代，扩修过的习家池在没有受到人为损毁的情况下，应该保持和延续了繁盛的景象。

二、南宋的修缮

习家池的第一次确切的修缮记录始于南宋。在此之前，习家池虽日渐荒凉，但大的形制尚存，环境清幽，仍为游赏之地。《太平寰宇记》卷 145《山南东道四》之襄州"习郁池"条载：

《襄阳记》云："岘南八百步，西下道百步，有习家鱼池。"……池中起钓台尚在。

这里记载的是北宋初年的事，当时习家池和池中的钓台仍保存完好。"唐宋八大家"之一的曾巩任职襄阳时，曾作《高阳池》诗（详见后文）。诗中曾巩惭愧自己住在离风雅的习家池很近的地方，却很少来游玩，两年里只来了两次，一杯酒也没喝，与山简比起来相差太远了。曾巩对习家池的描绘不多，但可以看出钓池仍在，且水泛清漪，环境优美。

到了南宋，由于朝廷偏安一隅，襄阳地区逐渐为北方少数民族政权金、元等所袭扰。南宋嘉定（1208—1224 年）、宝庆（1225—1227 年）年间，襄阳"屯田既成"，社会出现较为安定的局面，襄阳作为南北交通要道的地位得以恢复，官员往来络绎不绝，导致接待官员的场馆渐显紧张。于是，驻守襄阳的长官、时为朝廷封疆大吏的荆湖制置使陈垓采纳各界的

建议和意见，决定兴建一座候馆，用于接待往来官员。他把此事交给一个叫尹焕的属官去具体办理。尹焕不敢怠慢，立即赴襄阳城南郊选址。他在岘山寻访到一家农户，主人很高兴地告诉他，说在挖地时发现了一块石碑，正要献给官府。尹焕一看，碑上刻的是前任襄阳太守（知府）为习家池写的诗。主人告诉尹焕，习家池已被战火毁坏，其废墟在白马泉寺的荒园中。尹焕发现，习家池风物幽胜、历史、人文萃聚，且紧临荆襄大道，靠近汉江，水陆交通便利，环境条件优越，于是将新建候馆基址选在了习家池的废墟上。

尹焕将选址情况和建筑规划及材料、人工费用预算报告给陈垓批准以后，马不停蹄，掏钱买地，砍伐树灌荆棘，清理整治场地，大兴土木，一气呵成。此举扩大了习家池的基址，新建了二十八间高大的房屋，题匾额为"习池"；同时另建了二十八间候馆、兵铺与寝舍，题匾额称"怀晋"；堂舍外引泉凿池，水上架桥，又对原有的池泉进行了疏浚，在外围砌了围墙，将大门建在驿路边，门匾上统题称"习池馆"。这样就将习家池馆、候馆、斥候铺、兵铺合建在一起，集多功能于一体，方便了统一管理，还方便了兵士对襄阳南大门的看守和对周边军情民情的监察瞭望。

尹焕还奉命为此项工程撰写了《习池馆记》，并立了碑。碑文叙述了建造候馆的缘起和过程，明言池馆兴废所关世道显晦之道，暗含歌颂世情人物之声，且直言习池风物是制帅陈公寄情太湖丘壑之所。本文为习家池的兴废所关提供了确凿的记载。

从碑文和尹焕有限的简历记载及相关史料中可知，这次习家池的重建时间应该在宝庆三年（1227年）至端平元年（1234年）的8年之内。此次修缮留下了习家池历史上首次官府为之修复的记录。池、馆建成后，除解决了来往官吏住宿、兵铺驻守、军事瞭望等问题外，人们还可以到清澈的池上舀水、嬉戏、洗涤、濯缨盥足、烹煮饮用，成为一件流风千载的善事，确实是一举数得。

不过，尹焕对"优游卒岁，惟酒是耽"（《晋书》）的山简颇有微词，把他与陶侃的朝暮运甓和祖逖的中流击楫相比较，认为当国家处于危亡之际，不应只顾个人的"放情高逸"，而应勉力报效国家，并表明建此候馆的目的是让为国事辛苦奔走的官吏们有个憩息之所，同时赞扬陈垓为国操劳，建功襄阳的品行，希望习家池的美景能够稍缓其思乡之苦情。当时的南宋国情，正与西晋颇为相似，国家处在风雨飘摇的边缘，尹焕作为属官，有此见识，是很难得的。

本次修缮后不久，襄阳即陷于战乱，历史上著名的宋蒙（元）襄阳之战发生。战争中、战争后及至整个元朝，习家池都未见诸史料记载。或许就是在这段历史记载的空白期内，习家池发生了"挪移"和"瘦身"的重大变迁。

三、明代的修缮

从明代开始，习家池的修缮往往兼及于祠。明代对习家池的修缮记载有两次，一次是正德年间（1506—1521 年）担任湖广按察司副使的聂贤修习家池，一次是嘉靖年间（1522—1567 年）湖广按察副使江汇建习杜祠。两次修缮，各有侧重，各擅胜场。

《明史》卷 206 载："聂贤，长寿人。为御史清廉。夺官五年，用荐起工部尚书，改刑部尚书。致仕，卒。谥荣襄。"其担任湖广按察司副使的时间是正德九年至十二年。聂贤在襄阳政绩颇多，先后整修了老龙堤和城墙，修建了岘山亭并刻欧阳修《岘山亭记》纪念羊祜，还修编了府志等。正德十二年（1517 年），在他准备继续修习家池时，由按察副使升任按察使，或离开襄阳，所以转调襄阳县令杨铨主理此事。也就是说，本次修习家池的主要执行者是杨铨。杨铨颇为用心，他组织民工用土围筑成环状堤坝，中间成为方形池塘，并筑起长宽不足两丈的台子，周围围上栏杆，出

水口开筑长达三丈的流水渠，渠尾上建一座石桥，以便游人通过石桥进入习家池，池子上建有一座让游人憩息的亭子。人们根据聂贤别号"凤山主人"，而环池之山又是以凤命名的巧合，遂将习家池的泉水命名为"凤泉"，并制成匾额挂于亭子上。修缮时间署为"正德丁丑"，就是正德十二年。习家池因此部分恢复了园林旧观。工程竣工后，襄阳人王从善撰写了《重修习家池亭记》并立碑。碑文以潇散之笔备述习池千年风雅，记叙了当时守土者聂贤和杨铨修葺习池事宜，赞颂了他们的德政和爱民之举。其在追忆习郁养鱼、凿齿读书、山公醉酒、杜甫高咏之外，托池自况，洒然忘世，令人心胸为之一朗。

聂贤之后，又一位湖广按察副使来到襄阳。《江西通志·人物·南昌府》载："江汇，字东之，进贤人，嘉靖（1522—1566 年）进士，授兵部主事，历升湖广按察副使，浙江按察使……转河南右布政使……有《游楚藁》。"江汇在习家池附近修建了"习杜祠"，由孙继鲁撰写了《习杜祠堂碑记》。

习杜祠祭祀习凿齿、杜甫，孙继鲁在碑文中陈述了将此二人同祀的原因。这是因为，两人都维护蜀汉的正统地位，习凿齿否定了西晋史学家陈寿在《三国志》中以曹魏为正统的观点，写成《汉晋春秋》，而杜甫在诗中的遣词造句都是把刘备当作帝王看待。他们一个用史的方法讥诮了曹操和当朝权臣桓温，一个用诗的方法讽刺了安禄山、史思明。这篇碑文极力推崇习、杜二人的忠君爱国之道，因为从"卫道者"的角度看来，习凿齿的史、杜甫的诗，都具有匡风扶教的作用，这正是习杜合祠岘山的缘由所在。值得注意的是，这是习家池首次出现的有记载的官修祠堂，官府首次在习家池设立祭祀场所和举行祭祀活动。江汇此举，无疑提升了习家池的文化品位和政治地位，使其承载了对一方之民的教化作用，也有助于襄阳人民对本土历史人物的认知和崇敬。

四、清代的修缮

清代，习家池经历了三次大修和一次小修，其修池及祠记录较为翔实。

第一次是康熙七年（1668年）的重修。因明末清初战乱、兵燹，习家池荒废颓败殆尽。当时的总戎杨公、郡伯杜公，大力倡导修复诸名胜，重修较为成功。四年后，清著名诗人王士祯赴成都主持四川乡试，途经襄阳，记有述其行程的日记《蜀道驿程记》，多辨证途中古事，文字清丽流畅。他于当年十一月二十九日从宜城抵达襄阳，在日记中写道：

> 岘山在江岸西北，群峰迤逦，北趋郡郭。习池在南麓，一水泓然，下布文石，翠鉴毛发，溅珠浮水面，与吾郡趵突、珍珠、金线诸泉相似。池方广亩许，稍东复有一池，才如半规，流出院外，北汇为小潭，复伏流而南为溪，由凤凰亭下注汉江。至今襄阳太守例以三月三禊饮于此。

这段日记说明，习家池白马泉可媲美"泉城"济南的名泉，"溅珠池"和"半规池"也因此而得名。

常熟诗人毛会建撰《重建高阳池馆记》，叙述重建高阳池馆的语句不多，重点描绘习池重开生面，特别是习池异彩纷呈的春夏秋冬：

> 而今日者，方塘重浚，活水长流，楼榭参差，亭台耸峙，而且桃柳亚墙，芙蓉蔽水，樵歌晚唱，渔火夜明，一时名流云集无间焉。
>
> 若今高阳池馆重开生面，山亦为增高，水亦为增深，草木亦为增荣，云霞亦为增艳。流连之下，慨慕以系，如过隆中思武乡抱膝之庐，登岘山思钜平缓带轻裘之度，不独区区神游濠濮之上，身入辋川之图已也。

毛会建慨叹隆中（三国武乡侯诸葛亮隐居地）、岘山（西晋钜平侯羊祜纪念地）和习池（东汉襄阳侯习郁宅院所在地）三景鼎足，直有拔越"濠濮""辋川"之想。这是因为，习池之胜，不特于自然景致清丽脱俗，更缘于人文流韵绵绵不绝，毛会建谙熟而会心于此，遂有此记。

第二次修缮发生在乾隆五十八年（1793年），曾任浙江司员外郎的王奉曾"奉命观察安、襄、郧、荆而驻节于襄，政事之暇，……而求所谓习池者，大都湮没塞于荒烟野蔓之间。"王奉曾当时在习家池没能找到《水经注》记载的长六十步广四十步的大陂，只见到王士禛在《蜀道驿程记》中所记载的方广只有一亩许的小池和其东边的一个快要湮没的半月形小池。为免"昔贤之盛轨渺矣"，于是在王奉曾的倡导下，再次浚池筑馆，历经三月而落成。详情不得而知，但从此后不久又重修的情况看，这次修建不过是小修小补而已。

王奉曾在《修习家池记》中，记叙了他"倡捐廉俸为修举计。……浚池筑馆"的过程，其中有两句话很特别：一句是"池之名与岘山埒，以彦威重，非以郁重也"；一句是"恐日久之实亡，而名亦将没也"。前一句说习池是由于习凿齿（字彦威）而名重，而不是因为其祖上习郁，大概是彦威立言于世的缘故；后一句与今日纪念式名胜内涵相通，如成都杜甫草堂，并非昔时遗址，然而建起茅屋数间，便名留千古。又如开封清明上河景观，本已名存实亡，今人凭图画复原，结果游客络绎不绝。

第三次为道光五年（1825年）春，由知府周凯倡导，是一次比较彻底的规模较大的修缮。这次修缮的重点是池泉的重新疏浚和"四贤祠"的建造。周凯亲自撰写了《浚复高阳池碑记》和《习池四贤祠碑记》两篇文章。

周凯先对习家池进行了仔细的考察，并查阅了府志记录，对习家池的兴废做了一定程度的了解。提出了一个疑问：习家池为什么屡修屡废？他经过分析认为，本地人只是把习家池当作一个游览的地方，而忽视了它还有灌溉的功用，没有充分地利用，因而"不能持久，而其利不溥"，应该对池子挖深挖广，蓄住白马泉水，"则自白马陂以下田皆可溉矣"。周凯是第一个提出从水利的角度对习家池进行修复的主张并身体力行的官员，他特别强调习家池的水利灌溉的功用，认为"游观之胜"比不上"衣食之急"，显示了他务实、爱民的作风。

在襄阳知府周凯的倡导和推动下，习家池得到了比较彻底的疏浚，使一大池二小池的格局保存至今。疏浚后的水池深七尺，面积为三亩，池上建有亭子和石桥，修葺了亭台榭馆。更重要的是同时修复了水利工程，使习家池以下汉江西岸的上百顷田地重新能够得到灌溉。周凯的《浚复高阳池碑记》对习家池历代修缮情况及古今变迁记叙尤为详细，又在备述重修一事之后，对这一"创举"颇为得意地进行炫耀："尽水泉之利，彰古今之迹，复游观之盛，一举而三善备。"却也名副其实。周凯为开发习家池所做的贡献最大。

疏浚习家池后的第二年，周凯再次倡导对池塘附近的祠堂进行清理整修。当时，明代修建的习杜祠由于战乱等原因已经倾圮近半，三楹破损的古屋中，供奉的栗主牌位已改为祭祀晋山简季伦、汉习郁文通，中间还摆设了释家佛像，由僧人居住主持，显得有些不伦不类。而当年江汇立的记事碑已经遗失，王奉曾等人修池馆时立的两块碑仍在院内，一块卧放在池侧，极言习家池亭台花木之盛；一块镶嵌在祠堂的墙壁上，言池之修广兴废，都没有谈到祠堂是用来纪念谁的。原来，池旁的祠堂并没有确定专门的祭祀对象。这时，在城内读书的习家秀才习道彰主动提出，由襄阳习氏家族负责筹集资金修缮习家祠堂。

习家子弟修缮好祠堂后，就请周凯为新修的祠堂作记，这就是现仍存于池上的《习池四贤祠记》。此碑为一嵌壁碑，原当嵌于四贤祠墙壁内，现已断为两截，但字无残缺，石质清亮，书法清丽隽秀。也就是说，新修的祠堂确定了祭祀的对象为"四贤"，即"劳以定国"的山简、"法施于

民"的习郁、"以死勤事"的习珍、"能捍大患"的习凿齿。周凯高谈阔论习池四贤，极力主张祭祀山简而排斥杜甫，并迅速拆除释家佛像，大胆"拨乱反正"，显示其"卫道之心"。

周凯在《习池四贤祠记》中论及为什么要列山简为四贤之首时说：

> 首宜祀晋征南大将军、仪同三司、都督荆襄交广四军事，节镇襄阳山公简，公始以仆射领吏部，上疏，令群臣各举所知，开广贤路。及镇襄阳，多惠政。当四方寇乱，朝廷危惧，刘聪之入洛阳，遣督护帅师赴难，继屯夏口，招纳流离，江汉归附。五马南渡，晋室复兴，非公保障荆襄而能之欤？礼所谓以劳定国者是也。

周凯认为，山简镇襄阳，不扰民、多惠政，于晋室有复兴之功。他还对人们对山公醉酒的"误解"作了辩护：

> 或谓山公当干戈扰攘之际，放情高逸，不屑事事。不知山公之镇襄阳，务在安辑其民。设当晋武之初，其静镇何异羊钜平？而乃心王室，匡救其灾，惟谢安有同心焉。况勤王一举，实越石士雅之先声也。

周凯甚至以羊祜、谢安来比山简，认为山简"放情高逸，不屑事事"有理，是"安辑其民"、无为而治的表现。山简醉酒，醉得可以；山简醉酒，醉得应该；山简醉酒，醉酒不醉心；山简醉酒，醉得有功。事实上，山简虽然放浪形骸，但才能卓著，治理一个州郡不在话下。当时各地战乱纷起，襄阳十分稳定，来襄阳躲避战祸的人很多，其中有不少难民，都得到了山简的妥善安置。这或许就是后世众多人士尤其是诗人赞赏山简的缘故吧！

对于四贤中的三位习氏先贤，周凯也分别陈述了理由：

> 次宜祀汉侍中襄阳侯习公郁。公佐光武中兴，位列通侯，开池效范蠡种竹养鱼法，虽园亭之美盛于一时，而灌溉之利实贻万世，非所谓法施于民者欤？

> 次宜祀汉赠邵陵太守、零陵北部都尉加禆将军习公珍。公仕后汉，当孙权袭据荆州，约樊仙举兵不克，权将潘浚攻之，招降不从，曰："受汉厚恩，当以死报。"会箭尽，以身殉焉。非所谓以死勤事者欤？

> 次宜祀晋荥阳太守习公凿齿。公为桓温从事，见温觊觎非望，著《汉晋春秋》裁正之。及见简文帝，谓温曰："得未曾有。"虽大忤温，而温志亦由此沮。后虽废海西，终其身不敢肆行篡弑者，公之力也。非所谓能捍大患者？

周凯根据历史上的祭典原则，认为唐代诗人杜甫不应该列入习家祠堂享受专祀，江汇将杜甫列入祠堂没有道理，因为杜甫属于乡贤，应该送进乡贤祠奉祭，根据杜甫诗文及其年谱考察，发现杜甫先后流寓吴、越、齐、赵、秦、蜀等地，并未在襄阳生活过，不能仅以其祖上故里与习家池相近而将他也列入习家祠堂享受专祭，同时，因江汇立的碑当时已经丢失，周凯不知道前述江汇将杜甫列入祠堂的原因。所以，周凯就根据习家池相关的历史人物的生平业绩，参考古代礼制中的祭祀原则，重新将符合祀典、与习家池相关的历史人物确定为祠堂的专祀对象，为习家池的公祭制定了合乎礼法的标准。周凯此举，更加彰显了习氏先人行迹，增强了教

化之功，可以说是在前代基础上的一个进步。他利用自己作为知府的威望，教诲后世，"以遗后之守斯土者，列一祀典，无废坠云"，使祠堂的祭祀进入官府常态祭祀之列。这就是习家池祠堂的标准祭祀对象和"习池四贤祠"的来历。

由于四贤祠落成恰逢当年的三月三日，于是，周凯召集全城士子等70余人，举行了大规模的修禊活动。自此之后，襄阳每年的修禊活动都改在了习家池举行，习家池更深切地进入襄阳人的文化生活，而不仅仅是普通的风景名胜。

同治年间（1862—1874年），襄阳知府方大湜又对习家池做了第四次

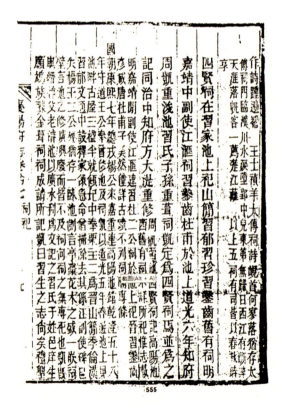

清光绪《襄阳府志》"四贤祠"条（局部）

修浚，对池中的六角亭进行了整修，并化用王士禛"溅珠浮水面""才如半规"的精彩描绘，给其邻近的两个小池正式命名为"溅珠池"和"半规池"。

五、民国时期的维护

民国时期，习家池的地面建筑犹存，未被战火波及损坏，但诸如修禊之类的官方祈祥活动已中断，只是民间仍将其视为风景名胜多方维护，同时，原四贤祠或已变成半宗教活动场所。

目前关于习家池最晚的实物资料是1935年时附近的耆民给当时的襄阳公署呈批的《为保存古迹、维护文化、公恳发还原有薄产、以便支持永久事》的记事碑。现在该碑仍保存在习家池。

1936年的习家池一角

20 世纪 30 年代的习家池风光

　　据碑文记载，习家池住持朱至蕴因为当时的襄阳清理公产处收走了习家池的田产，导致习家池难以为继，"为保存古迹、维持文化、公恳发还原有薄产"，联合地方上一些有名望的人（耆民）将此事呈报给了当时的襄阳督察程泽润。呈文文意浅近，先陈述了习家池在古代、当今的重要作用，然后搬出蒋委员长（蒋介石）"前年莅襄"时游览古隆中的故事，表明当时的"最高领导人"是关心文化古迹保护的，最后恳切陈情收田产对习家池的不利影响和严重后果，希望政府进行干预，发还原有房产。呈文情词恳切，说理充分，所以很快得到了督察程泽润的批复，令清理公产处将已收为公有的田产发还。住持朱至蕴及其附近耆民为表示感谢，并为防止以后再发生类似问题，将原呈文和批文一同勒石刻碑，立此存照。碑文透露的信息表明，当时习家池仍有用作维持香火和房屋维修的田地 30 亩，习家池及其祠堂重新成为佛教活动场所，习家池的实有占地面积应在 30 亩以上。

第五节　当代新颜

1949 年中华人民共和国成立后，党委、政府高度重视习家池的保护与建设。

改革开放前，襄阳设有湖北省襄阳专员公署，对习家池以维护为主，对原有的景观保存起到了一定的作用。

中华人民共和国成立初期至 1958 年，白马泉和习家池等景观基本保持完好。1955 年，湖北省人民政府拨款修缮了习家池。1956 年，习家池被湖北省人民政府公布为第一批文物保护单位。1957 年，襄阳地区专员公署又拨款对习家池进行了维修。

20 世纪 60 年代初期，习家池畔仍留存有"四合院瓦房二重"，保持着池中有台，山路桥与池北岸相通；池台上建有重檐六角亭一座。大池西另有两个小水池，保持着半规池和溅珠池的基本格局。

"文化大革命"期间，习家池遭到了一定程度的破坏。1968 年，习家池地盘划归原空军第三野战医院，祠堂被拆，但保存了一大池、二小池、湖心亭等主体景观。1971 年，湖北省革命委员会鄂革〔1971〕4 号文件批复，同意武汉空军在襄樊（1950 年 5 月以襄阳县之襄阳、樊城两镇组建的襄樊市隶属襄阳专署）习家池建立野战医院，征用习家池所在地——庞公公社土地 88 亩。武汉空军野战医院进驻习家池后，按照襄阳地区革命

20 世纪 50 年代初的习家池大牌楼

委员会"关于亭子（凤凰亭）是作文物古迹保管，只作维修，不能随意拆掉"的指示精神，将凤凰亭圈在武汉空军野战医院围墙内。1975 年 5 月，清理了水池的淤泥，沿水池修筑了周长 223 米、高 2.5 米、宽 0.43 米的片石护坡。据 1983 年版《襄阳地区概况》记载："解放初（习家池）辟作疗养院，'文革'中财政部门卖给空三野医院。许多古建筑被拆毁。"

改革开放以后，特别是 20 世纪 80 年代以后，襄阳在对习家池进行维护的基础上，实施改建、扩建，除对原有地面建筑、景点大力维护外，对有历史记载的景观逐步恢复，从而使习家池的历史挖掘、文化梳理、保护开发、旅游规划和景区建设进入快车道。

1979 年，襄樊市由省直辖。1983 年，撤销襄阳地区，其行政区域并入襄樊市。当年，习家池被襄樊市人民政府批准为重点文物保护单位。

1987 年，襄樊市人民政府对习家池进行了较为系统的维护，疏浚了方塘（大池）和二小池，维修了湖心钓台、古亭。

1992 年，习家池被湖北省人民政府批准公布为湖北省重点文物保护单位。

2006—2009 年，襄樊市人民政府再次对习家池进行了较大规模的维修整治，包括疏浚、整修大鱼池、半规池和溅珠池及钓台，对湖心亭严格按照"修旧如旧"的原则，进行了原貌修复，翻新重建了习家祠堂，对习家池的大门也进行了整修。

2008 年，根据《省文物局关于习家池修缮方案的批复》（鄂文物综〔2008〕133 号），新的"习家池风景名胜区"规划和建设工作全面启动。本着坚持文化为本、保护第一、生态优先、可操作性的原则，同时与城市总体规划、岘山国家森林公园总体规划及历史文化名城保护规划相衔接，制定了《襄樊市习家池风景名胜区总体规划》，提出了将习家池风景名胜区建设成为国内一流、世界知名的国家级风景名胜区的战略构想。

2010 年 12 月，襄樊市更名为襄阳市。随后，襄阳市委、市政府先后整治了习家池文物保护区的环境风貌，维修了六角亭、芙蓉台、半规池和溅珠池，修复了高阳池馆残迹、习家池大门和习氏宗祠。

2011 年底，《襄阳市习家池风景名胜区总体规划》和修建性详规以及核心景区单体建筑方案经襄阳市规划委员会审查通过。这是一个将习家池周边的历史人文景观一并纳入，实行资源整合、总体定位，统筹规划为"习家池风景名胜区"的大手笔，形成了目标体系完整、空间关系合理、资源利用充分的优化方案。

全新的《襄阳市习家池风景名胜区总体规划》定位明确，主题突出，体现了文旅发展的新时代特点。总规建立在深入研究区域历史文化资源的基础之上，突出了主题定位：

习氏宗源、涧南佳园、释家祖寺、古渡诗山

这一主题定位结合"中国最早的郊野园林、华夏首园习家池"的形象定位，为习家池风景名胜区的开发建设提供了重要依据。其中的"涧南佳园"是指盛唐著名诗人孟浩然的故居，"释家祖寺"是指高僧释道安传经弘法的谷隐寺，而"古渡诗山"则是指汉江边的凤林古渡和文化名山岘山。

习家池风景名胜区总规的目标是，通过对风景名胜区的整体规划建设，将其打造成一个文化内涵丰厚、旅游服务功能强大、设施齐全、道路系统完善、旅游线路组织合理、景点富有特色、旅游活动丰富、经济效益明显、生态环境优良的，山水与景区建设相融，自然与历史文化相融的全国一流、世界驰名的国家级风景名胜区和 5A 级旅游景区。

根据上述定位和目标，习家池风景名胜区总规用地范围为东起汉江，西至凤凰山山脊，南起铁帽子山山脊—观音阁，北至襄北监狱第七监区家属区—青林小镇—岘首山—汉江，东西长约 2484 米，南北宽约 2413 米，

习家池风景名胜区总体规划功能分区

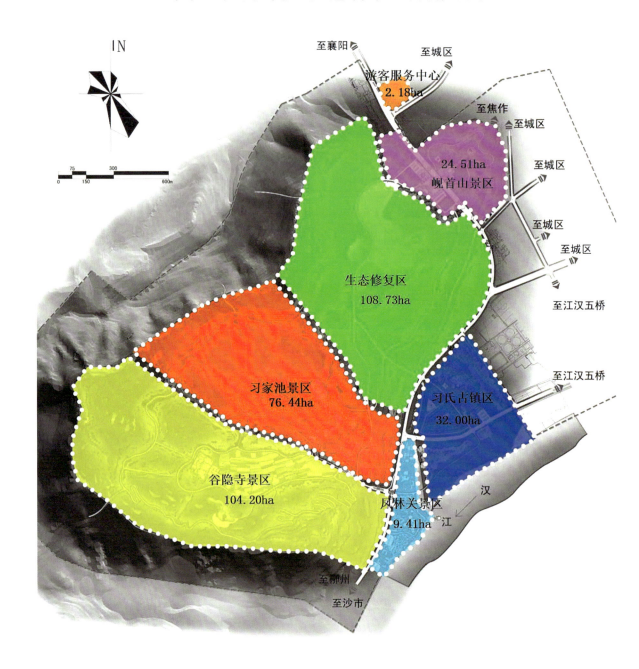

规划总面积为 355.29 公顷。习家池风景名胜区风貌协调控制区范围为：规划区山脊线以外至山脚处和岘首山以南、污水处理厂以东的用地，面积约 288.62 公顷。习家池风景名胜区规划布局分为"一心一骨，三节六区"。

一心：习家池景区为整个风景区的核心景区，以宗祠展示、汉晋园林特色游览为主要功能。

一骨：即景区主干路。串联规划区内所有景点，与西侧天然山脉相对应，并与其形成相互渗透咬合的态势。

三节：分别指景区入口大门、谷隐寺景区、工矿遗产景区。它们均串联于"骨架"之上。

六区：指习家池、谷隐寺、凤林关、岘首山、习氏古镇以及生态修复区等六大功能分区。

六大功能分区也可谓六大景观分区。习氏祖庭独具一格，古刹名寺幽情逸韵，汉江古渡引人遐想，田园诗家风雅蕴藉。根据地形、水体、道路等自然因素的界定，六大景观既相对独立，又相互融通，连线成片，浑然一体。纵观其地望，既有深藏若虚之雅量，又有紫气东来之瑞相，可谓中国古典风水绝佳之地。其中历史人物踪迹密布，轶闻故事流传广盛。交相辉映、串珠成线式的有机组合，构成了习家池风景名胜区独有的奇妙特色。

习家池风景名胜区的建设项目，秉持以历史文化保护传承为本进行了精心策划，所有单体建筑方案都是赓续文脉、匠心独运的设计杰作。

习家池景区：位于规划区中部，面积 76.44 公顷，是整个风景区的金牌核心景区。设计中再现中国早期私家园林意境，突出魏晋郊野园林韵味。一方面，根据历史文献记载和碑刻文字，同时参考相关研究成果以及描写习家池风景的诗词，恢复或重建原有景点，以增强习家池园林的文化底蕴。另一方面，以褉饮园、竹林、松林、花园、果园和田庄表现魏晋园林景观，在园林中疏朗点缀凉亭、奇石等小品，实现建筑与环境融为一

习家池风景名胜远景规划图

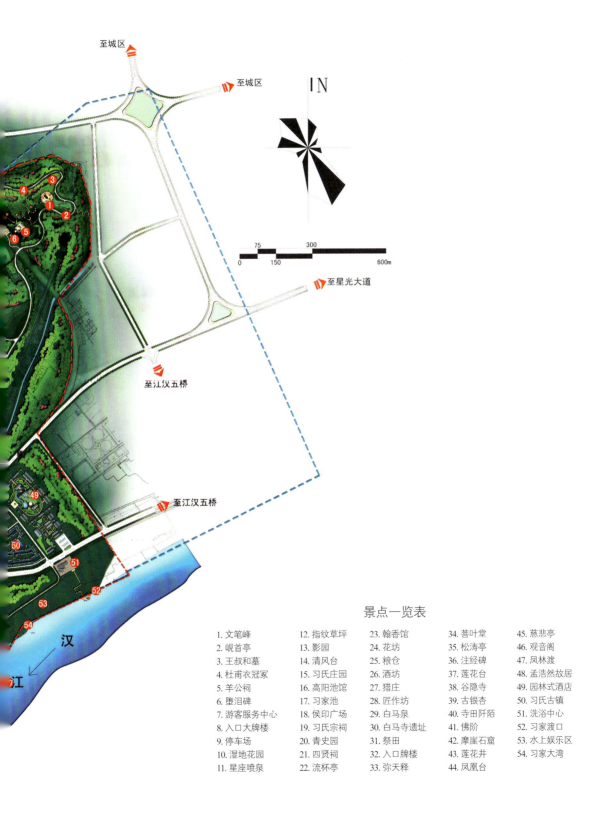

至城区
至城区
N
至星光大道
至江汉五桥
至江汉五桥
汉江

景点一览表

1. 文笔峰	12. 指纹草坪	23. 翰香馆	34. 菩叶堂	45. 慈悲亭
2. 岘首亭	13. 影园	24. 花坊	35. 松涛亭	46. 观音阁
3. 王叔和墓	14. 清风台	25. 粮仓	36. 注经碑	47. 凤林渡
4. 杜甫衣冠冢	15. 习氏庄园	26. 酒坊	37. 莲花台	48. 孟浩然故居
5. 羊公祠	16. 高阳池馆	27. 猎庄	38. 谷隐寺	49. 园林式酒店
6. 堕泪碑	17. 习家池	28. 匠作坊	39. 古银杏	50. 习氏古镇
7. 游客服务中心	18. 侯印广场	29. 白马泉	40. 寺田阡陌	51. 洗浴中心
8. 入口大牌楼	19. 习氏宗祠	30. 白马寺遗址	41. 佛阶	52. 习家渡口
9. 停车场	20. 青史园	31. 祭田	42. 摩崖石窟	53. 水上娱乐区
10. 湿地花园	21. 四贤祠	32. 入口牌楼	43. 莲花井	54. 习家大湾
11. 星座喷泉	22. 流杯亭	33. 弥天释	44. 凤凰台	

习家池风景名胜区远景（效果图）

体。由此，习家池景区进入大规模扩建和全面整修阶段。至 2023 年底，已完成了景区主干道路、习氏宗祠、怀晋庄园、褉饮堂等的建设。现在的习氏宗祠是依据史料记载和历史图片，按照修旧如旧的原则，参照原有的建筑风格、形制和规模原址修复的。祠堂修复规划设计通过湖北省文物局审批，主体两层，占地面积 1102 平方米，建筑面积 1953 平方米。建筑沿袭明、清时期襄阳民间风格，为二进四合院式布局，庄重典雅，朴实精致。伴随着园路广场、草坪、水景等的扩建，整个园林面貌已焕然一新。核心景区文物的维保机制也逐步建立健全。

谷隐寺景区：规划建设的谷隐寺景区位于规划区南部，面积 104.20 公顷，北侧紧邻习家池景区，以佛修过程为线索组织空间，恢复建成当年释道安所创净土宗"深山古刹"，让游客游览时能够形成相对互动。

凤林关景区：位于规划区东南部的汉江边，面积 9.41 公顷，以汉江码头结合观音阁为主要特色，成为观赏江景的胜地。分为寺庙区、渡口区、孟浩然故居区及商业区。2023 年，凤林古渡公园建成开放，孟浩然故居涧南园完成规划设计等项目前期工作。

岘首山景区：规划建设中的岘首山景区位于规划区北部，面积 24.51 公顷，南侧紧邻襄（襄阳）沙（沙市）公路。根据清同治《襄阳县志》记载，

凤林古渡新貌

岘首山附近原本存在义笔峰、岘山（首）亭、羊公祠、堕泪碑、石幢、王叔和墓、杜甫衣冠冢等名胜古迹及景点。此外，历代文人骚客在岘首山留下了上百篇诗词歌赋。是整个风景区的入口和历史人文聚集区。这些人文遗址遗存为岘首山景区景点建设提供了依据。目前，岘首亭、羊杜二公祠、堕泪碑、八面石幢等历史文化建筑物已恢复重建完成，通过立交桥跨越襄沙公路与游客服务中心相连，具备了人流疏散、票务咨询、游客接待、车辆换乘、游览观光等功能。

生态修复区：位于景区北侧，毗邻岘首山入口处，北临襄沙公路，面积108.73公顷，包含入口游客服务中心。此区采用生态修复手法，引入各类植物种植于被破坏的山体之上。主要景点包括岘山花谷、湿地花园、星座喷泉、玫瑰园、百合园、葡萄园等。经过修复和改造，这里四季花开，瓜果飘香，一改陈旧面貌。

习氏古镇区：位于规划区东侧，面积32.00公顷，规划在此建设以习家古镇、习家大湾、习家渡口为特色的习氏古镇，结合水街与旅游商业，引导原住居民与习氏"回流"后人发展旅游服务产业。分为古镇区、码头区两大板块。

此外，习家池风景名胜区总规远期规划在襄沙公路以东、岘首山以北设置一个游客换乘中心，面积约2.18公顷。目前的游客服务中心，重在方便生态修复和景区的近期建设，以及在景区建设过程中作为售票、咨询点为游客服务。

随着习家池风景名胜区的规划和建设力度进一步加大，习家池这一千古华夏名园必将重焕其灵秀雅致的独特风韵，而其深厚的文化底蕴与独特人文精神，也必将薪火相传、历久弥新，成为彰显襄阳"山水之秀、人文之胜"城市风貌的历史名片。

项目全部建成后，习家池风景名胜区将形成入口—岘首山景区—生态修复区—习家池风景园林游览区—谷隐寺宗教文化感受区—凤林关游览

区—孟浩然故居观赏区—习氏古镇区的精品旅游线路。同时，将与毗邻的
"后起之秀"中国唐城、襄阳市博物馆等景区相互贯通，实现联动效应，
形成襄阳南郊登山览胜、礼佛朝圣、雅集兴会、民俗休验、休闲娱乐以及
品读历史、感受地域文化的旅游集散地，成为襄阳文化旅游最具吸引力和
影响力的核心品牌景区。

　　一个以习家池为核心景区的集约式"习家池风景名胜区"已经焕发出
崭新的容颜。

1936 年习家池边眺汉江

第二章
贤良辈出

第一节　源自习国

在中国百家姓中，习姓并非大姓，但也源远流长。在其家族谱牒中，一般都有"源自习国，望出襄阳"的表述，意思是习姓发源于习国，而习姓的地望则是在襄阳。

关于习姓的来源，有两种说法。

一种是习姓源于国名说，来自立国于少习山一带的古习国，是以国为姓的姓氏。这符合中国早期的姓氏往往以国名为氏的成例。

唐林宝撰《元和姓纂》称：

> 习，《风俗通》云："习，国名也。"

说习姓以国为氏的依据来自东汉末年著名学者应劭的名著《风俗通义》。

《风俗通义》是研究两汉社会生活的重要文献，其中的《姓氏篇》专述姓氏的由来，可惜原书早已不知所终，所幸尚有大量佚文散见于各类书中，历来为学者所重视和引用。《路史·国名纪六·古国》记载：

> 习，《风俗通》云："习，国名。《传》有少习。"预云："商洛

武关。"按此晋御楚之塞，在商洛东南九十，今永兴军，汉有习响，陈相。

然而，应劭、林宝等人并没有对习国得名于"少习"、习姓源于古习国作具体详细的说明。

另一种说法，同样来自上面提到的少习山，是以地名为姓的姓氏。只是强调以居地为姓，来源于少习山。如此说来，二说实为一说，都是来自陕西商县之古少习山。

少习在先秦典籍中仅有一见。《左传·哀公四年》：

> 夏，楚人既克夷虎，乃谋北方。左司马眅、申公寿余、叶公诸梁致蔡于负函，致方城之外于缯关，曰："吴将泝江入郢，将奔命焉。"为一昔之期，袭梁及霍。单浮余围蛮氏，蛮氏溃。蛮子赤奔晋阴地。
>
> 司马起丰、析与狄戎，以临上雒。左师军于菟和，右师军于仓野，使谓阴地之命大夫士蔑曰："晋楚有盟，好恶同之。若将不废，寡君之愿也。不然，将通于少习以听命。"
>
> 士蔑请诸赵孟。赵孟曰："晋国未宁，安能恶于楚，必速与之。"士蔑乃致九州之戎陆浑者。将裂田以与蛮子而城之，且将为之卜。蛮子听卜，遂执之，与其五大夫以畀楚师于三户。
>
> 司马致邑，立宗焉，以诱其遗民，而尽俘以归。

故事的梗概：楚军北上，平息了楚境北疆蛮夷部族夷虎的叛乱之后，开始谋划向北扩张领土。楚国三位著名的贤大夫左司马眅率中央的王师、申县县公寿余率楚申县之师、叶县县公诸梁率楚叶县之师同时在方城外集结，他们还以防备吴国将要再次逆江而上攻打郢都为借口，连夜将附庸国蔡国的军队集结到信阳境内的负函，将方城以外的楚军集结至缯关（河南方城）。第二天，大军从负函、缯关出发，奔袭汝水上游伏牛山西北侧，周王城洛阳南鄙，黄河南岸戎蛮所聚居的梁、霍二城（当时黄河南岸从汝水到洛水流域居住着附属于晋的蛮夷、陆浑戎等蛮夷族群）。梁、霍两地的蛮氏立即被强大的楚军击溃，不料蛮子（子为低等级诸侯爵位）赤却逃到当时的中原诸侯国盟主、蛮子国的保护国晋国的阴邑以求庇护。

蛮子赤成功逃脱，局面顿时复杂化了。有进无退的楚军当机立断，一面将楚西北地区的丰邑（今河南淅川）、析邑（今河南西峡）和狄戎的军队北调到上洛（今陕西洛南东），将左师的大军后置于菟和山（洛南县南），右师大军前置于仓野（今陕西商县东 140 里），从西北居高临下大纵深配备战斗力量作为后盾，做好不惜与晋军大战的准备，摆出了一副志在必得的态势。另一面从外交上寻求解决途径，入侵者竟然主动向晋国要人，通过晋国阴县的县官士蔑照会晋国："晋楚是有盟约的盟国，应该共同进退。如果你们遵守已订立的盟约，那是我们国君的愿望，要不然，我们将大开少习关，进攻你们的阴邑（捉拿蛮子赤），你们看着办吧。"

士蔑慌忙向晋国执政的卿士赵孟转达了楚军的外交通牒，请示处置办法。赵孟当即交代士蔑：当下晋国的政局不稳定，不能和楚国交恶，赶快将人交给楚军。士蔑领旨，立即把居于九州的陆浑戎召来，声称将另划一个地方给蛮子赤筑城居住，还当场为他占卜选址。就在蛮子赤毫无戒备、等待占卜结果的时候，士蔑乘机把蛮子赤和他的五位大夫抓了起来，将他们送到了位于三户（今河南淅川西南之丹江南）的楚军营中。

楚司马眅带上蛮子赤等一起来到蛮子居住的城邑，也装作为蛮子筑城、立宗庙，将本已逃亡星散的蛮子国遗民都诱骗了回来，楚军将他们全部俘获后凯旋。

当时诸侯争霸态势的犬牙交错、战争的波谲云诡等毋庸赘述，单就楚国在与晋国的外交交涉中以"将通于少习以听命"相威胁而言，说明

少习乃是楚国的军事要地，对晋国的掣肘作用不容小觑。那么，少习在哪里呢？

晋杜预《春秋释例》卷6《土地名第四十四之二》注：

> 少习，上洛商县武关。

《辞源》中记载：

> 武关，楚人谋北方将通于少习以听命。少习，商县武关也，商洛县东有少习，秦谓之武关。

《陕西通志》卷3《建置第二》载：

> 习，丹水自商县东南，历少习出武关，楚司马使谓阴地之命大夫曰："将通于少习以听命。"习，国名。武关，商州东百八十里少习之墟，今有巡司。

原来，少习是关中四塞之一的秦之南关，即闻名天下的险塞武关，是春秋战国时期秦、晋、楚反复争夺的军事要地。《汉书》及后世历代史志对武关的地理位置都有详细记载，地址就在今陕西省商洛市以东，丹凤县东南，位于鄂、豫、陕交界处。

据《姓氏考略》《战国策·楚策》载：春秋时有地名少习，古城在今陕西省丹凤县东的武关，居其地者遂为习氏。又据《风俗通》《名贤氏族言行类稿》载：古有习国，其后人遂以为氏。习国是周武王分封诸侯时的一个小国，因其地处秦岭少习山一带，国以地名，故称习国。因此，习姓人把本氏族的源头定为陕西省丹凤县武关附近的少习山一带。这就是所谓的

"源自习国"。

春秋时期，从少习到襄阳有丹江水道和其旁的陆路相通，沿武关南出秦岭是一条重要通道。北魏郦道元《水经注丹水篇》里说，武关有通南阳郡的大路，是楚国通往商洛地区的险道，而从南阳转襄阳更有便捷的大道。

从《左传》等有关文献中不难考证，大约在春秋早期的楚武王在位期间（前741—前690年），少习之习国被楚国占领吞并。前面引述的"将通于少习以听命"发生在楚昭王二十五年（前491年），表明楚国已经控制少习200多年了，已经将少习建成为楚国西北方一个大的边防要塞。

由于灭国迁族于楚内地一直是楚拓展国土的基本国策，楚武王灭邔后将其遗民迁于南郡郡县，楚共王灭赖后迁赖于鄢等都是如此。于是，楚灭习国之后，少习阖族人口被迁往今天的襄阳地区。而之所以在襄阳落籍，一是因为迁徙路线"顺理成章"且交通便利，少习原有居民别无选择，自然而然地顺丹淅，即汉水支流丹江和淅水流域，通过汉水河谷或南阳盆地直接迁往襄阳。二是因为汉水之滨的襄阳一带土地肥沃，物产丰饶，又是当时楚国的中心地带，有宜于生存的自然环境和社会环境。从而，襄阳南部群山环抱的凤凰山（白马山）一带，便成为习氏部落主要的定居之地。如果有关姓氏书籍所记无误，襄阳习姓便由此而来。习氏部落也是最早融入楚国大家庭的成员之一。

许多姓氏书籍和习氏谱牒都将习姓始祖定为西汉时的习响，依据是东汉学者应劭（约153—196年）的《风俗通义》中有"汉有习响"之语。可是应劭并没有说习响是习氏始祖，也没有说其为西汉时人。即使习响是西汉时人，也不能称其为习氏始祖，因为春秋早期习氏已得姓于少习，习响之前就应该出过很多习姓人氏，习响只可能是习氏始祖的后人。姓氏书籍和习氏谱牒还说，习响官拜西汉陈国或陈州相。但是，相是王国的丞相改名而来，由中央直接任命，且是景帝之后的事。而查遍西汉地方政府的

政区体系，既没有陈国也没有陈州，只有一个陈县，所谓皮之不存，毛将焉附？陈县位于今河南淮阳，为西汉淮阳国治所，而不是陈国治所，东汉章和二年（88年）才改为陈国。如果习响是此以后的陈国相，只能说他与应劭的时代相同或相去不远，或许是因为身处世家大族势力迅速崛起的东汉，受襄阳侯习郁的庇荫才得以循例入仕为官的，但不可能是习姓始祖。

唐人林宝撰《元和姓纂·十》称，《左传》载春秋时齐国有一个大夫叫习明，《史记》载战国齐国田成子时还有一个叫习虚的大夫为习氏先祖，这可能是最早的习氏名人。可是检索《左传》《史记》及其他史籍，并没有发现二人姓名。宋人洪迈的《容斋随笔》称《元和姓纂》"诞妄最多"，故其显系误载。

在历史长河中，每一姓氏在早期的传承中都有诸多非稳定性的因素，因此姓氏发源地对于许多姓氏而言一般只具有象征意义，氏族脉络也往往湮没无闻，难于寻考。习国灭国很早，文史记载也语焉不详，少习山一带也没有发现后世习姓繁衍的更多信息，因此习氏仅视其为本姓之远源，至于始祖究竟为何人，已经成为一个难解之谜。

第二节　望出襄阳

地望是家族源头可以考证、可以追溯、传承稳定、族裔庞大，一说出来使人人皆知的地方。襄阳是当年习姓大迁徙后繁衍最为旺盛之地，因而理所当然地成为习姓之地望所宗。

所谓地望即郡望，是郡和望的合称，指一姓氏与其所在郡县的联系。"郡"就是历史上我们所熟知的一级行政区划，"望"是名门望族，二者连用，即表示世居某郡地域范围内、为当地所景仰的名门望族或显贵家族，并以此而有别于其他的同姓族人。明凌迪知撰《万姓统谱》卷首称："姓之有望，以其著名于郡，故曰'望'。"如弘农杨氏，汝南袁氏、许氏，太原、琅邪王氏等。这样在某郡地位显赫，富贵绵延的姓氏，自然而然地就会被社会尤其是该姓氏人员认定该郡为某姓氏声望地位的代表，这就是郡望。

这一现象出现于六朝至隋唐时期。此前人们按姓氏血缘关系就可以大致确定彼此间的亲疏贵贱关系，但秦汉以后，尤其是魏晋南北朝的民族大迁徙之后，原有的地域血缘关系被完全打乱，姓氏原有的以血缘论亲疏的文化内涵逐渐淡化，出现了以姓氏相互区别亲疏、联宗认亲的姓氏文化，以家族地望明贵贱的内涵成了姓氏文化最为突出的特点。

由于一个姓氏的姓源或发祥、聚集、变迁之地不止一处，即会在不同

的郡兴旺发达起来，形成该姓氏多个新的郡望，一些大姓尤其如此。"本源则同，而支派各异。如刘则二十五望，王则十一望，余或五望四望二三望者。"这样，郡望又可以分为发祥之地和望出之郡。自汉代以来，一些显贵之家，经世代传袭，已在一地形成族大势盛的豪族，所在之郡就成了相关姓氏或家族的发祥地。为显示家族的古老，迁徙之后仍沿用旧郡名，这就是发祥之郡的郡号。由于各种原因，一些姓氏或家族从发祥地迁往他郡，历经繁衍，又成为该郡的大姓望族，这些郡也就成了该姓氏或家族新的望出之郡。为区别主从及尊卑，通常以其中一个郡望为主。

清代学者钱大昕在《十驾斋养心录·郡望》中说："自魏晋以门第取士，单寒之家，屏弃不齿，而士大夫始以郡望自矜。"所以，称郡望或者地望，往往显示着对本氏族的自豪感。

襄阳习姓在西汉末期已经成为荆土豪族，荆襄一带世家名门，国内最大的习氏聚落。东汉初，由于襄阳侯习郁有较高的政治地位，为襄阳习姓在东汉时期发展成为受人敬仰的显贵家族并日益繁盛创造了条件。襄阳不仅成为习姓繁盛播迁的摇篮，更是成为培育习姓政治家、军事家和文学家、史学家的沃土，历代人才辈出。曹魏实行九品中正制以后，始以朝野豪门大姓作为选官用人的标准。据《襄阳耆旧记》《晋书》《三国志·季汉辅臣赞》《太平御览》等史志记载，由于习氏家族素有重视教育、尊崇礼法、诗书传家的优良文化传统，仅汉晋时期，襄阳习氏家族就先后出了十多位官宦名士。特别是三国时期，襄阳习氏家族在魏、蜀、吴三方均有担任大臣和将领的人物。习氏家族成为一个有文化、有见识、恪守忠孝节义、勤政廉洁、贵而能贫、严于律己的名门望族。尤其是晋代出了一位史学大家习凿齿，更使襄阳习氏名满天下。襄阳这个习姓显赫之地为天下习姓所推崇，而习家池则是习氏郡望的标志。

宋以前史籍上所见习姓人士全部出自襄阳，襄阳无疑是习姓的唯一发祥之郡，尔后习氏也没有出现新的望出之郡。这就是习姓以襄阳为地望的

《国士习公孺人李氏墓志铭》碑拓片

根本原因。

东晋"淝水之战"之后至五代时期，习氏家族逐步迁出襄阳。在后来的历次战乱和全国性移民大迁徙中，习氏散播各地，并开枝散叶，子孙繁盛，在全国20多个省区市都有分布，早已与整个中华民族融为一体了。不过，习氏望族的迁徙路线大致清晰：湖北襄阳—江西新淦（新干）—河南邓州—陕西富平，其中，迁入江西的习姓一支发展得最为繁盛，明成化年间（1465—1487年），寓居江西的习姓一支又迁回到襄阳城南的习家沟（2009年3月18日，在襄阳城南30里的余家湖习家沟发现了《国士习公孺人李氏墓志铭》，碑文记载清晰），直至今天。检索文献，南朝以后襄阳及全国无习姓人物的履迹，宋以后襄阳以外始有习姓名人见诸史书，而且几乎全部出自现在的江西省。但无论习姓人播迁的地域如何之广，也无论习姓后裔分布点如何之多，各地习氏家族都慎终追远，始终把襄阳作为"望出之郡"，公认襄阳习姓是其播迁的本源与根基，并尊崇、祀奉习郁、习凿齿为其最有名望、最有成就的远祖与先贤。

第三节　名士影踪

　　襄阳习姓人才辈出，贤良满门，且都有确凿的权威史料记载。

　　从东汉到东晋，习氏之后裔，做官为宦，门庭荣耀，经久不衰。唐、五代时期，由于战乱、自然灾害等多种因素的影响，作为襄阳"郡望"的习姓人家不得不向郡外迁移。明成化年间，随着襄阳战事的平息及政治经济环境的改善，江西习氏的一支回迁襄阳，仍然沿袭重视教育、尊崇礼法、耕读传家、严俭治家的传统家风，子孙后代既有以文化立身之人，也有出仕为官之人。

　　习氏在历史上第一个有较为可靠记载的人物是习融。前文已引述《襄阳耆旧记》所载"襄阳人，有德行，不仕"仅寥寥数语，信息量极其有限，只知道习融为后汉（西汉末东汉初）襄阳人，当时已是名士，道德高尚，未入仕做官。

　　习融为何"不仕"？《襄阳耆旧记》并未载明。若说他自恃清高而不仕，恐怕未必是其真实的主观意愿，但管窥其时代背景可见一斑：习融生活于西汉末年至东汉初年的战乱年代，可以说是生不逢时，想出仕未必能出仕，未必敢出仕；从习融之子习郁追随刘秀起兵、建功立业、官至侍中等职来看，《襄阳耆旧记》中所言暗藏玄机，因为东汉初年，世家大族纷纷以拒仕王莽政权、忠于汉室、恪守名节相标榜，作为提高本族政治地位的一种手段。这应该就是习融有德行而不仕的真正原因。

习融之子习郁，生于西汉末年，活跃于东汉初期。《襄阳耆旧记》有几处关于习郁的记载，虽极简单，但不掩其作为名士的光芒。习郁曾担任过的官职前文已作介绍，他先是担任黄门侍郎，后升职为侍中，接着升任大鸿胪卿。

《后汉书·岑彭传》和《后汉书·朱祐传》记载：南郡人秦丰更始元年（23 年）起兵，攻得邔、宜城、郡、编、临沮、中庐、襄阳、邓、新野、穰、湖阳、蔡阳，势力一度十分强大，后与汉光武帝刘秀派来的岑彭、朱祐大军在邓州、枣阳等地长期对峙，被岑彭的调虎离山计击溃，被汉军长期围困于黎邱（今湖北宜城市西北）。建武四年（28 年），光武帝出巡黎邱劳军，封吏士百余人，招降秦丰被拒后回京。时侍中习郁依职责侍从于皇帝左右。至建武五年，秦丰势穷力竭，携全家出黎邱城投降，最后被杀于京师洛阳。

这个故事还有一个更加精彩的民间版本，显示了习郁的智慧和谋略。

民间传说，当年刘秀称帝，秦丰自号楚黎王，接连攻城略地，占领了襄阳一带十二个县，大有直逼京都洛阳之势。刘秀见后院起火，已成心腹大患，便派大将岑彭等攻打。相持日久，刘秀决定御驾亲征，命世居襄阳的侍中习郁在中军伴驾。

在汉军的猛烈攻击下，秦丰步步后退，龟缩于襄阳苏岭山一带。刘秀召集文臣武将商议进攻之策。习郁建议道："苏岭山乃是要害所在，只要拿下苏岭山，秦丰就会孤立无援。不过这苏岭山矗立于汉江之畔，周围一马平川，易守难攻，所以只能智取，不能硬攻。"说完，习郁献上一计，刘秀大喜，立即安排依计行事。

几天后，军中一些操襄阳口音的士兵化装成山民，前往苏岭山砍柴。山上守军看得真切，忙向秦丰禀告。

秦丰看到只有十来个樵夫，就派兵冲出寨门，将所有人抓了回去。没

想到第二天，又有更多的"山民"上山砍柴，秦丰要派出更多的士兵前去捉拿。一位谋士说道："大王，在下以为不可轻举妄动。昨天我们轻而易举抓了十几个樵夫，今天又来了这么多，会不会是敌人的诱饵呢？"

秦丰不以为然："什么诱饵不诱饵！人总是要吃饭的，做饭总要柴火，这些人不上山来砍柴，难道去吃生米？昨天审问这些樵夫，他们都说汉军的粮草快断顿了，我们捉尽上山砍柴的樵夫，汉军的营寨就可不攻自破！"

谋士还想说什么，秦丰把手一挥，士兵立马冲出寨门去捉拿"樵夫"。突然，鼓声震天，杀声四起，山林中隐藏的汉军一拥而出，与已经进入寨中的汉兵里应外合，一举夺下了苏岭山寨。混乱中，秦丰逃进了黎邱城。

汉军兵临黎邱城下，秦丰紧闭城门，坚守不出。刘秀想速战速决，就派熟悉地形的习郁前去侦察。

习郁来到黎邱城下转了一圈，看到城内粮草堆积如山，想出了一条妙计。

按照习郁的计划，刘秀下令每个士兵抓三只麻雀，超过有赏，违者重罚。士兵们只觉得好玩，谁也没明白这葫芦里到底卖的什么药。

第二天刮起了大风，刘秀立刻下令将抓到的一半麻雀的脚爪上系上装有火药的小袋子，另一半麻雀的脚爪上系上点燃的香火头，一边开笼放雀，一边金鼓齐鸣。

上万只麻雀早就饿了，立刻飞出觅食，最终落在黎邱城的粮草垛上。

麻雀飞来跳去，争啄粮食，火药抖落在粮草垛上，被香火头一点，燃起了熊熊大火。加上风助火势，火仗风威，黎邱城顿时成为一片火海。

刘秀见秦丰的粮草焚烧殆尽，就派人入城劝降。谁知秦丰负隅顽抗，双方再次展开了激战。攻城的汉军大将为了威慑敌人，就把秦丰战死兵卒的数百具尸体堆在城墙下。习郁看后向刘秀建议道："这样做不符合陛下以仁德治天下的方略。不如把这些尸体归还给秦丰，汉军就可以兵不血刃地取得胜利了。"

刘秀不明白："用敌人的尸体怎么打击敌人呢？"

习郁说："这几百具尸体还给秦丰以后，他要进行安葬，可以消耗他的财力物力。若他不安葬这些士兵的尸体，就会彻底失去人心，手下的人再也不会为他卖命了，汉军就可不战自胜。"

刘秀觉得有道理，决定采纳习郁的建议。习郁又说："为了宣扬陛下是仁义之君，归还这些尸体时还要入殓。"

刘秀说："那得做几百具棺材，一时半会儿到哪里去筹措钱购买木料呢？"

习郁道："我在襄阳还有一些祖业祖产，变卖后就差不多了。"

于是，习郁变卖了祖业祖产，将城外的敌人尸体一一入殓，归还给秦丰。

果然不出所料，秦丰不敢接受这些尸体，让手下的将士十分失望，一哄而作鸟兽散，逼得秦丰最终不得不开城投降。

就在光武帝巡幸黎邱期间，君臣有一次"异床同梦"，都说梦到了苏岭山神，预示着君臣心灵相通，寓意祥和美好。刘秀很高兴，当即嘉奖习郁，拜为大鸿胪，并"录其前后功，封襄阳侯……"（见前文引述）。

习郁跟随刘秀起兵，一直与刘秀关系密切，所任侍中、大鸿胪皆为亲近皇帝之官职，最终获封襄阳侯。习郁之所以深得光武帝刘秀的信任和器重，主要原因有三个：一是地缘因素。习郁是南郡襄阳人，刘秀是南阳郡蔡阳县（今湖北枣阳）人，二人虽不同郡不同县，但老家仅隔沔（汉）水相望，相距甚近。二是有功。习郁在反对新莽政权的斗争中和刘秀成就帝业的过程中建立了功业。三是受其父习融的影响，习郁德才兼备。

习郁生前在襄阳做了两件看似平常，却意义非凡、影响深远的事。

一件事是在降伏秦丰后不久，在距黎邱不远的苏岭山上修建了纪念苏岭山神的祠宇。该祠是习郁遵刘秀旨意所建，因为史籍记载明确："使立

鹿门寺全景

苏岭祠，刻二石鹿，夹神道口。"只是在纪念性建筑物大门前放置雕刻的石鹿并不多见，这也成为一道独特的景观。于是老百姓就将祠庙称为鹿门庙，苏岭山也被叫成了鹿门山。正是因为先有这座声名显赫的神祠的建立，才有后来的汉末庞德公，唐孟浩然、庞蕴、皮日休等名士在鹿门山的隐居，使之成为闻名遐迩的隐居圣地。鹿门山常常还是隐居的精神象征和隐逸文化的代名词，晋以后成为佛教丛林，登临题咏者不绝，成为历史上著名的隐山、佛山与诗山，也是当代著名的风景名胜旅游区。习郁始建的苏岭祠无疑是其文化源头，是鹿门山最早的纪念性建筑，也是中国文献资料记载中较早的祠庙建筑。

另一件事是兴建了休闲式私家园林习家池。

习池园林和鹿门祠庙隔汉江相望，构成了一条非常理想的游山玩水路线，习郁就在这条线路上享受着"光武中兴"带来的和平安宁生活。

习郁去世后就葬在习家池，习氏后人即在此祭祀祖先。官民修禊活动，也多在这里举行。《后汉书·礼仪志》上说："是月（三月）上巳，官民皆洁于东流水上，曰洗濯祓除，去宿垢，为大洁。"也就是每年农历三月上旬的巳日（三国、魏以后始固定为三月初三）到水边嬉戏，以祓除不祥，称为修禊。然而，"后，贼发其汉末先人墓，掘习郁冢作炭灶，时人痛之。"（《襄阳耆旧记》"习珍"条）令习氏后人哀叹不已。这一事件推定发生在三国至西晋末年的战乱期间，当时，全国曾出现过公开的大规模盗挖古墓现象。

鹿门山"孟园"

东汉末年，襄阳习氏先后有六位名人于史有载，分别是习询、习竺、习英、习承业、习蔼、习珍，但生平均不详。

《襄阳耆旧记》将习询、习竺并列："习询、习竺才气锋爽。习竺与刘升右，同安公砚书。"这是二人仅存的记载，其行迹不得而知。但很显然，两位是饱学倜傥，才华俊逸，言语犀利，干脆利落之士。后两句文词难解，或许有讹误。不过，根据习竺将贤淑明达的女儿习英嫁给吴丹阳太守李衡之事，推定其为东汉末年之人。

据《襄阳耆旧记》记载，李衡妻子习英是一位明白事理、正直贤惠、恪守妇道、相夫教子、远见卓识、甘于清贫且临危不惧、不让须眉的女中豪杰。

习英原是大家闺秀，却嫁给了地位低微、世代为兵的襄阳卒家子李衡，后来帮助李衡成为东吴的一位耿直的官员，成就了一番功业。孙权在后期有些昏聩，宠用奸臣吕壹操持朝政，没有人敢当面揭露。大家知道李衡敢于犯颜直谏，便推举他为郎官引见给孙权。李衡当面揭穿了吕壹的奸匿行为，使孙权恍然大悟，深自愧疚，果断杀了吕壹。李衡因此得到重用而声名大振，后来还担任过诸葛恪大都督府的司马，诸葛恪曾派他出使蜀汉联络蜀国共同伐魏，得到姜维的响应。

诸葛恪被杀以后，李衡出为丹阳太守。当时琅琊王孙休在丹阳郡治，李衡多次依法惩治过他，习英曾多次提醒劝阻。《资治通鉴·高贵乡公下》载："丹阳太守李衡数以事侵琅琊王，其妻习氏谏之。"李衡听不进去。可是令李衡没有想到的是，后来孙休被立为了吴王。李衡吓蒙了，深怀忧惧，后悔当初不听妻子的劝告，以至于身处险境，设想逃到魏国去。习英听后却说，你的身份本来就是一介平民，受到先帝（孙权）提拔重用，行得端走得正，既已对孙休做了那么多无礼的事，就没有必要在那儿猜忌嫌怨，想通过叛逃出去活命了，就算你逃到北边去了，还有脸面对国人吗？习英告诉李衡，孙休向来喜欢沽名钓誉，正想为自己争取好名声，他不会因为私人的嫌隙而杀你，你可以把自己囚禁起来去自首，痛陈自己以前所犯下的过错，要求对自己进行严惩，这样你可能会得到特别的宽恕，恐怕还不仅仅能保住性命而已。李衡照做，果然没事，还被提拔为威远将军，特别授予他使用棨戟做仪仗的排场。

据《襄阳耆旧记》记载，李衡总想置办一些家产，妻子习英却不以为然，并告诉他，人不怕贫穷，怕的是没有道德信义，要是富贵了能过穷日子那才叫好，置办产业干什么？后来，李衡暗地里将自家十来户佃户派遣到武陵郡龙阳泛洲上建造房舍，并种植了一千多株甘橘。临终前，他告诉儿子："你的母亲讨厌我置办产业，所以家里才这么穷，但在我们州乡下有

一千个木头奴隶，不要你管吃管穿管住，每个人每年会给你贡绢一匹，足够你过上安逸的日子。"李衡死后，儿子将此话告诉母亲，习英说："我们家有十户佃客已不见了七八年，一定是你父亲派去盖房舍种甘橘去了。你父亲生前经常念叨，太史公说：'江陵一千株橘树，将分封给您家。'"习英清白明理可见一斑！至东吴末期，李衡种的甘橘长大了，每年收绢几千匹，家道殷足。到东晋咸康年间（335—342 年），其宅上枯槁的甘橘树还在。

《襄阳耆旧记》称："习承业，博学有才鉴，历江阳、汶山太守，都督龙鹤诸事。"

江阳郡治为今四川泸州，东汉献帝建安十八年（213 年）刘璋始置，管辖叙永、合江、永昌、大足、内江、自贡，贵州习水、赤水等地。汶山郡地在今四川茂县北灌县、汶川、理县、黑水、北川、松潘等地，管辖现今汶川西南。汉初置，宣帝时废，刘备定蜀后复置。龙鹤即龙涸，所在地为现今四川松潘县。

汶山一直是川西少数民族聚居地，是一个民族问题极为复杂的地区，担任汶山太守这一边防要职，需要很强的抚御能力。习承业随刘备入蜀并仕蜀，不仅担任汶山太守，同时还都督汶山及邻近诸路军事，这是依当时的惯例赋予他的职责范围，说明他具备超强的才干。其后人落籍于西南。

《襄阳耆旧记》称："习蔼，有威仪，善谈论。"这是关于习氏名人最简短的记载，但从中可知，习蔼是仪容举止庄重，善于言谈，学识渊博但没有入仕的习氏族人。

习珍（？—220），其早年履历不见记载。他追随刘备四处征战，在赤壁之战、刘备拥有荆州和江南四郡后，并未随刘备入川，而是被刘备署为零陵北部都尉、裨将军。对蜀汉忠心耿耿，堪称忠烈之士。《襄阳耆旧记》记载：

（刘备以）习珍为零陵北部都尉，加裨将军。

孙权杀关羽，诸县响应。（珍）欲保城不降，珍弟（宏）曰："驱甚崩之民，当乘胜之敌，甲不坚密，士不素精，难以成功。不如暂屈节于彼，然后立大效以报汉室也。"珍从之，乃阴约樊胄等举兵，为权所破。珍举七县，自号邵陵太守，屯校夷界以事蜀。

（孙权遣）潘濬（同"浚"）讨珍，所至皆下，唯珍所帅数百人登山。濬数书喻使降，不答。濬单将左右，自到山下，求其交语。珍遂谓曰："我必为汉鬼，不为吴臣，不可逼也。"因引射濬。濬还攻，珍固守月余，粮、箭皆尽。谓群下曰："受汉厚恩，不得不报之以死。诸君何为者？"即仗剑自裁。

先主（刘备）闻珍败，为发丧，追赠"邵陵太守"。

弟宏在吴，凡有问，皆不答。……

珍子温。

零陵在今湖南省零陵县潇湘二水会合处，原是岭南蛮夷杂处之地，为战略要地。零陵北部即资水上游的邵阳一带，习珍任零陵北部都尉的时间当在建安十三年（208年），刘备取武陵、长沙、零陵、桂阳四郡之后。

习珍所任零陵北部都尉辖有七县，带裨将军称号，相当于一位带低级将军号的郡守。裨将军通常由都尉或校尉迁升而来，是一个军人成为将军的第一步，如名将张辽等都是从裨将军干过来的。不过，在版图不大的蜀汉，习珍也可以说是一位封疆大吏。

建安二十四年（219年），关羽北伐中原，与曹魏将军曹仁大战于樊城，习珍留守零陵。关羽曾一度取得擒于禁、斩庞德、水淹七军的辉煌战果，后来却被魏、吴暗中算计，空虚的荆州被东吴吕蒙袭占，使关羽在回救荆州途中败走麦城，被俘身亡。蜀汉所领荆州各路军兵纷纷背叛蜀汉，顺应吴军。在己方大败之时，名声不显、官职不高、只负责警戒并防守零

陵郡北部地区的习珍没有见风转舵、投降倒戈，却打算坚守城池，决心抵抗到底。习珍的弟弟习宏同样忠心于蜀汉，但他认为不应坚守城池，应该换种方法对抗东吴："如今东吴大军气势汹汹攻来，诸县都闻风而降，我们的军队却'甲不坚密，士不素精'，又没有援军。若单凭这样的实力跟东吴硬干，必会招致失败。因此，与其傻乎乎地坚守城池，倒不如假意投降东吴，忍辱负重，然后暗中联合各郡县、将领，趁东吴不备，起兵反抗东吴。"习珍一听，觉得有理，于是假意投降东吴，一边招兵买马，暗中联络有志之士。

这时，武陵郡从事樊胄（一作樊伷）虽然投降东吴，却暗中联络武陵郡蛮夷，诱导他们归附蜀汉，意图献武陵郡给刘备。习珍得知这个消息，就找上樊胄，希望能一起起兵，反抗东吴。两人一拍即合，约定某日同时举事。习珍又利用自己的影响力，联络其他心向蜀汉的将领，结成联盟。至此，荆州反孙联盟正式成立。联盟主席是蜀汉旧将、零陵郡北部都尉习珍，副主席是蜀汉旧将、武陵郡从事樊胄。习珍率领着零陵郡北部各县民众及军队，樊胄率领着武陵郡蛮夷大军，还有各蜀汉旧将忠臣率领的兵马。

到了约定的日子，联盟众将在各自地盘一齐起兵。吴主孙权遂派大将潘濬讨逆平叛。结果，潘濬冷静客观地分析了形势，只带着五千军队就消灭了樊胄起义军。联盟出师不利，惨遭重创。习珍万万没想到，自己辛辛苦苦找来的盟友居然这么快就被歼灭了，于是宣布把零陵郡北部的七个县合并为邵陵（或作昭陵）郡，自号邵陵太守，屯校夷界以事蜀汉，发动民众誓死与东吴对抗到底。刚灭掉樊胄的潘濬又赶紧攻打习珍。无奈是众寡悬殊，习珍战败，其势力范围大部分被攻占，最后只好率领剩下的数百人登山死守。

潘濬曾是蜀汉臣子，看到蜀汉忠臣习珍为了国家而誓死奋战，也许是有点佩服和感动，希望习珍不要就此战死沙场，也许是不想浪费东吴的兵力，希望立更大的功，为自己谋取更大的利益，于是数次送书信给习珍，劝他投降，习珍一概不予理会。潘濬单人到山下，要求与习珍对话，习珍说出了一句非常令人感动、敬佩的话："我必为汉鬼，不为吴臣，不可逼也！"说完还下令放箭，显示自己的决心，并警告潘濬：我要么战死，要么战胜，绝不投降！你要是再不离开，我就不顾战场原则，亲手把你射死！潘濬只好返回，继续围攻习珍。

尽管习珍使尽了各种办法，众将士浴血奋战，平民百姓也竭尽所能支援，但架不住潘濬的连日猛攻，粮草、箭支全用光了。

习珍率领着残兵坚守一个月多，终于被潘濬攻破。他把部下叫来，环顾众人，悲情道："我受汉中王（刘备）厚恩，不得不以死相报，至于你们怎么办，自己决定吧！"说罢便拔剑自刎了。

远在益州的刘备听闻习珍的事迹，痛哭流涕，感慨良久，亲自为习珍办理丧事，并追赠习珍为邵陵太守，把习珍之事宣告天下。

习珍用自己的行动，尤其是用自己宝贵的生命，为官员们树立了忠君报国的典范。应该说，习珍出身于官宦满门的家族，其为人，其英勇悲壮的义举，是有其深厚的历史文化原因的，他很可能在襄阳老家受过良好的门风家教，尤其是儒学思想的熏陶，忠贞节烈观念早已融入身心。然而，如此忠臣义士、如此英雄事迹，为何没有广而流传，为何不为世人所熟知？作为蜀汉绝对的忠臣，习珍没有被《三国演义》提及，在正史《三国志》中也没有只言片语。真正的原因很可能是蜀汉在诸葛亮领导下一直没有官修史书的缘故。不过，对于习珍来讲，人们知不知道他，又有什么关系？习珍本就不是为了荣华富贵、身后英名而忠，也不会因为无人知晓而降；无论后人知不知道他，他都只会"报之以死"。同时，习珍在意的不是区区一个邵陵太守，他和诸葛亮、关羽等人一样，都是心怀汉室，并且愿意为志同道合的刘备鞠躬尽瘁，死而后已的。好在习凿齿用200余字记叙了其事功，后人也于习姓堂号中，专为习珍设置了"忠烈堂"。

《三国演义》里有徐庶身在曹营心在汉，终身不为曹操发一言的故

事。其实，徐庶投魏虽然心不甘情不愿，但并没有做到"无言"。而习珍以身殉难后，其弟弟习宏落在东吴，倒是真的"身在吴营心在汉"，终身不为孙权发一言。他做到了徐庶做不到的义举。习珍与习宏，好一对忠烈兄弟！

习珍之子习温，深受习氏家族风气尤其是父亲对他的教育影响，成为三国时期一位重要的历史人物。历任吴国长沙、武昌太守、选曹尚书、广州刺史。其后人播迁江浙一带。

史载习温事迹很少。他具备忠臣廉吏的优秀品质，是一个有见识、有气度的官员。在30多年的官场生涯中，他为人正直，不沽名钓誉，不结交权豪；严格管束家人，不准张扬，不准侈靡，小心谨慎；他从容稳重，生活俭朴，在洛上虽有自己的别墅，但只是休假的时候才去住。在古代官场中生活，能做到这一点是难能可贵的，也是很不容易的。同时，习温还是按照习氏家风，按照其父习珍之风范在教育其子的。

习温一生对子辈的严格要求，堪称为官者的模范。习温的大儿子习宇已是官至执法郎的大人，有一次因急事赶回家，就驱车在大道上直奔，随从较多，显得过于张扬。习温看见后很生气，就用棍棒责打习宇并训斥说："我听说生在乱世，富贵者能过穷日子，才能避免灾难，何况还要比着奢侈排场，这不是自取祸患亡身之道吗？"从这一件事上就可以看出，习温是一个谨慎谦卑、明察世事、不居官自大的谦谦君子，可以看出习温的家庭教育十分严格，还可以窥见习氏家族历汉晋而经久不衰的一些道理。同时，也透露出习宇是一位就职于东吴、少年得志、颇有出息的青年才俊。

习温十来岁的时候，已在东吴做官的荆州人潘濬就发现习温将来是一个有出息的孩子，长大了肯定要做故乡荆州的大公平，就让自家子弟多多与他交往，向他学习。习温后来果真做了荆州的大公平。再后来，潘濬的儿子潘秘长大为官后，在经过荆州时拜见习温，问习温说："我父亲当年的预言果然成真，您说说，将来谁会接替您的位置？"习温回答："没有超过你的人！"结果潘秘当上了尚书仆射，果然代习温为荆州的大公平，在任上有非常好的口碑。这成为当时官场上的一段佳话。

所谓大公平，又称"大中正"，是品评、选拔、鉴定、推荐人才以供朝廷录用的重要地方官员。选评的标准是家世、道德、才能三个方面，分为九品，地位显赫。当时，各地大公平一般都由在中央任高官又较有声望的本地人兼任。习温任过朝中要职，有名望，兼任荆州大公平顺理成章。

值得一提的是，这位潘濬不是别人，正是围攻习温之父习珍的那个潘濬，说他是习温的杀父仇人也不为过。然而彼时，潘濬战习珍是两国之争（暂不论其人品），他对习珍之子习温却是慧眼有加。后来习温果然如潘濬所料成功上位，却又反过来非常赏识潘濬的次子潘秘。事过境迁，汉吴两家仇怨早已冰释烟消，留下的只是两位能人的互相敬重。何况在当世，为了家族，放弃家仇者也屡见不鲜。

到了三国时期，襄阳习氏家族有习祯、习忠、习隆祖孙三代同以文翰为官并显于当世，其中习祯有个妹妹，是一位杰出的女性。此外还有一位名人叫习授，是曹操的幕僚，但未被载入《襄阳耆旧记》。

《三国志·蜀志》卷15《杨戏传》记杨戏以延熙四年（241 年）著《季汉辅臣赞》三十余首词，对蜀汉重要君臣进行了赞颂，习祯位列其中，说明他在蜀汉有相当的地位。词曰：

> **孔休文祥，或才或臧。**
> **播播述志，楚之兰芳。**

据陈寿注："孔休名观，为荆州主簿，别驾从事，见《先主传》，失其郡县。文祥，名祯，襄阳人也，随先主入蜀，历雒、郫令，广汉太守，失其行事。子忠，官至尚书郎。"刘宋裴松之注引《襄阳记》曰："习祯，有风流，善谈论，名亚庞统，而在马良之右。子忠，亦有名，忠子隆为步兵

校尉。掌校秘书。"文中将习祯与另一蜀汉名臣殷观放在一起，赞殷观美善，颂习祯文才超群，他俩都胸怀大志，声名远播，同为楚地贤明人士。陈寿记习祯于建安十六年（211年）随刘备入蜀，先后任雒（今广汉市）、郫（今成都市郫都区）令，广汉太守，其人风度仪表不凡，才华出众，口才超群，一派名士风度，名声虽不及庞统，但在大名鼎鼎的马良之上。其后人落籍于西南。

习祯和殷观的功勋、地位、才干相当，属谋臣之列，是蜀汉政权建立的有功之臣和才华智谋之士，杨戏才将二人放在一起赞颂。

习祯之子习忠，为尚书郎。东汉时从有才能的孝廉者中选取年轻人进入尚书台，他们在皇帝左右处理政务，负责起草文书，初入台称守尚书郎中，满一年称尚书郎，三年称侍郎。魏晋以后尚书的各部门称为曹，各曹有侍郎、郎中等官，负责综理职务，通称为尚书郎，也是以文人入职。习忠的行迹失载，能使其入职尚书郎并名冠当时的也应该是他的杰出文才。

习忠之子习隆，为步兵校尉，掌宿卫兵。他还任过掌校秘书的文职，专司校勘宫中所藏典籍诸事。真正让习隆名垂青史的是，诸葛亮死后，许多地方要为诸葛亮建庙而被朝廷以不合礼制并与成都刘备宗庙相冲突而未被后主批准，习隆与中书郎向充等共同上表后主刘禅，提出在定军山为诸葛亮建祠庙的折中办法，并为后主所御批。《蜀志·诸葛亮传》注引《襄阳记》云：

亮初亡，所在各求为立庙，朝议以礼秩不听，百姓遂因时节私祭之于道陌上。言事者或以为可听立庙于成都者，后主不从。步兵校尉习隆、中书郎向充等共上表曰："臣闻周人怀召伯之德，甘棠为之不伐；越王思范蠡之功，铸金以存其像。自汉兴以来，小善小德而图形立庙者多矣。况亮德范遐迩，勋盖季世，王室之不坏，实斯人是赖，而蒸尝止于私门，庙像阙而莫立，使百姓巷祭，戎夷野祀，非所以存德念功，述追在昔者也。今若尽顺民心，则渎而无典，建之京师，又逼宗庙，此圣怀所以惟疑也。臣愚以为宜因近其墓，立之于沔阳，使所亲属以时赐祭，凡其臣故吏欲奉祠者，皆限至庙。断其私祀，以崇正礼。"于是始从之。

久拖未决的为诸葛亮建庙问题得到圆满解决，这无疑是一件非常得人心的大事。景耀六年（263年）春，中国第一座诸葛亮的纪念性建筑终于在沔阳定军山落成，同年秋，魏镇西将军钟会伐蜀途中还到新落成的庙里祭祀诸葛亮，不允许军士到诸葛亮墓周围放马和砍柴。此后，诸葛亮的纪念性建筑遍及全国各地，习隆的名声也随之传遍全国。

习祯、习忠、习隆祖孙三代同以文翰为官并显于当世，可见以忠孝节义、博学习文为主要内容的习氏家风代代传承，已成为融入血脉里的品性。

习氏家族门风的潜移默化作用，不仅在习氏家族出仕做官人员中出现了习珍等流传千古的忠臣楷模，而且在习氏家族女性成员中也出现了节义的表率。习祯有个妹妹嫁给了蜀汉刘备的重要谋士庞统之弟庞林。建安十三年（208年），曹操率大军南征，攻破荆州首府襄阳，庞林夫妇被冲散分离。据《三国志·蜀志·庞统传》记载，庞林以荆州治中从事随镇北将军黄权征吴时，荆州已入吴多年。章武三年（223年），夷陵大战中，蜀汉兵败，屯据江北担负佯攻防魏的黄权军，在江南刘备猝败猇亭溃退后，势孤而降。庞林跟随黄权投降曹魏后初封为列侯，后升至钜鹿（今河北柏乡北）太守。

从建安十三年九月曹操收降荆州，至章武三年春，庞林妻习氏与庞林分开十五年之久，但她一直为庞林守节，抚养弱女，至此才得以团聚。魏文帝曹丕听说后，认为庞林的妻子习氏很贤惠，很有节操，于是就赏赐给他们夫妇床帐衣服，以表彰他们的相互忠贞和节义。这就是流传千古脍炙人口的"破镜重圆"的历史故事。

　　在魏晋各类传记地方贤达名士的诸多郡国书籍中，载录女性事迹的很少，而《襄阳耆旧记》却记录了习英和习祯之妹两位杰出女子的事迹，这不仅彰显了习氏家族家教谨严的门风代代相袭承，也反映出习氏家族营造了人才脱颖而出的小气候。

　　三国时期，曹操的幕僚和谋士甚多，习授是其中之一。习授，出生于荆州南郡，生卒年不详。曾为曹魏南郡太守。裴松之注《三国志》卷12和《通志》卷115中记载了这样一个故事：一次，娄圭和习授同乘一车，看到曹操外出，习授感叹曹操父子的权势和威风，便称羡地说道："父子都这样，人生岂不快哉？"而娄圭却不以为然地说道："大丈夫行走于世间，这样的事当自己做到，为何要羡慕他人！"习授认为娄圭说的话对曹操不敬，就把这话给曹操说了，曹操于是找了一个借口，杀了娄圭。果真如此的话，习授可谓"卖友求荣"之人，娄圭因为一句口无遮拦的话而死，死得冤枉。但是，其实娄圭之死背后是有更深层次原因的。娄圭字子伯，荆州南阳人，少有大志，不甘于人下，投靠故交曹操后，成为曹操的著名谋士，屡建奇功。曹操看人是很准的，他对娄圭既重用又提防，赏赐丰厚却只空挂将军一职，不给兵权，毕竟，一个不甘居人下又有能力的人，曹操如何能不时时惦记在心上？尤其赤壁之战后，荆州人士在曹魏政权中的地位颇有些尴尬，曹操是既要拉拢，也要防备，以他敏感的神经，当习授将娄圭的话告诉他之后，他很快将娄圭处死。曹操这样做，堪称一箭三雕：其一是剪除隐患，不给有不臣之心的人以可乘之机；其二是立威朝局，告诉世人自己仍有能力有手段掌控全盘；其三是警告那些蠢蠢欲动的人，不要以为我在赤壁输了，你们就可以浑水摸鱼，改换门庭，即使如娄圭这样的故交，反我者必死。如此看来，娄圭死得一点也不冤。有趣的是，曹操的故旧结局都不太好，娄圭只是其中之一。据《三国志·魏志》卷12《崔琰传附孔融许攸娄圭传》记载，魏太祖曹操气量狭小，疑心重，曹魏大臣娄圭、许攸、孔融三人都仗着曾与曹操有较深的交情，而对发达后的曹操在态度上依然故我，"恃旧不虔"，不谦卑恭敬，有时甚至让曹操丢脸难堪，而被曹操借故杀掉。所以，习授将娄圭的言语报告给曹操只是娄圭被杀的一个诱因而已。有人认为，习授打"小报告"的行为被人诟病，是习凿齿不将习授载入《襄阳耆旧记》的原因之一，但根本原因则是习授的政治立场不为习凿齿所取。在习凿齿看来，曹操代表的是一个反动的篡逆割据政权，习授为其服务与奸伪无异，不能归入襄阳耆旧之列。这也表明了习凿齿鲜明的正统思想。

西晋时，襄阳习氏家族出了一位颇有文才的习嘏，受到征南将军山简的赏识并得到擢升。《襄阳耆旧记》卷2《习嘏传》载：

> 习嘏，字彦云，为临湘令。山简以嘏才有文章，转为征南功曹，莅官，止举大纲而已，不拘文法，时人号为"习新妇"，简益器之，转为记室参军。

习嘏当是以地方世家的身份和突出的文才被山简辟为属官的，从任临湘县令后又被提升为征南功曹、转为记室参军可知，习嘏是一个很有才干的人。只是时人为何号其为"习新妇"令人难解。习嘏仅有一篇《长鸣鸡赋》存世，《艺文类聚》和《初学记》均载有此文（二者略有差异）：

> 嘉鸣鸡之令美，智穷神而入冥；审璇玑之回遽，定昏明之至精。应青阳于将曙，忽鹤立而凤停；乃拊翼以赞时，遂延颈而长鸣。若乃本其形象，详其羽仪；朱冠玉珰，形素并施；纷葩赫弈，五色流离；殊姿艳溢，采曜华披；雍容郁茂，飘摇风靡。扇六翮以增晖，舒氄毛而下垂；违双距之岌峨，曳长尾之逶迤。

赋文文词典丽，文采斐然。前段赞扬了雄鸡的神奇不凡，能精准地报

时，厥功至伟；后段描写了雄鸡的雍容华丽与翩翩风度。此赋证实习嘏确实具有超群拔俗的文才。

习嘏是三国以后所见襄阳习氏重新入仕第一人，是山简提携的结果。习氏家族史上这样一位承上启下的重要人物，却知之者甚少，重视者亦不多。从习嘏字彦云可知，他与字彦威的习凿齿应为兄弟辈。

习凿齿为东晋著名史学家、文学家，是习氏家族史上成就最大、名望最高的一代人杰。《晋史》中立有《习凿齿传》（后文详述）。习凿齿好比司马迁再世，妙笔生花，著就《汉晋春秋》等典籍而名播后世，也正是这个原因，使得习家池益负盛名，虽代有兴废，但一直为天下习氏家庙所在，习凿齿也成为继习郁、习珍之后习氏家族最为尊崇的远祖与先贤。清道光年间襄阳知府周凯所作《高阳池修禊诗序》记载了习家池西北有习氏子孙修建的奉祀习郁、习珍、习凿齿的祠堂。

习凿齿之子习辟强，《晋书·习凿齿传》中有载：“子辟强，才学有父风，位至骠骑从事中郎。”此外，《晋书》《魏书》等史籍记载了与习辟强相关的事件。《晋书》卷75《王忱传》：“孝武帝太元中，出为荆州刺史、都督荆益宁三州军事、建武将军、假节。”《魏书·王慧龙传》：“……遂西上江陵，依叔祖忱故吏荆州前治中习辟强。时刺史魏咏之卒，辟强与江陵令罗修、前别驾刘期公、土人王腾等谋举兵，推慧龙为盟主，克日袭州城。而刘裕闻咏之卒，亦惧江陵有变，遣其弟道规为荆州，众遂不果。”综合以上信息，习辟强应是以乡豪郡姓出身、父辈生前的职务地位和自己的才学继续承袭荆州的州署佐史，后官至治中、骠骑从事中郎，几乎是其父的原职。东晋末朝中重臣王愉曾对地位卑微时的刘裕不礼，刘裕代晋成为南朝刘宋开国君主后将王愉一家全部诛杀，孙子王慧龙藏匿于寺幸免于难，逃往江陵投奔其叔祖父王忱旧时的僚属荆州治中习辟强，正赶上刺史魏咏之去世，江陵出现权力真空，习辟强即参与谋划举兵夺取荆州江陵，与建康（今南京）篡政的刘裕分庭抗礼。不料，刘裕担心出现意外早做了防备，举兵计划流产。习辟强冒险保护王慧龙这一非凡举动，与习凿齿一贯反对权臣篡政的政治立场一脉相承。

　　武汉大学教授、中国魏晋南北朝史研究专家黄惠贤认为，《习凿齿集》是习辟强为其父整理的文稿，东晋中期成书。

"天地共存　日月同辉"

第三章
彦威风流

第一节　凿齿传略

前文已经提到，习凿齿是东汉襄阳侯习郁后人，是习氏家族历史上最耀眼的"明星"。不过，《晋书·习凿齿传》仅记概略。其履历记载如下：

习凿齿，字彦威。齿少有志气，博学洽闻，以文笔著称。荆州刺史桓温辟为从事，江夏相袁乔深器之，数称其才于温，转西曹主簿，亲遇隆密。

时温有大志，追蜀人知天文者至，夜执手问国家祚运修短。星人曰："无忧虞，至五十年外不论耳。"温不悦，乃止。异日，送绢一匹、钱五千文以与之。星人乃驰诣凿齿曰："家在益州，被命远下，今受旨自裁，无由致其骸骨。缘君仁厚，乞为标碣棺木耳。"凿齿问其故，星人曰："赐绢一匹，令仆自裁，惠钱五千，以买棺耳。"凿齿曰："君几误死！君尝闻干知星宿有不覆之义乎？此以绢戏君，以钱供道中资，是听君去耳。"星人大喜，明便诣温别。温问去意，以凿齿言答。温笑曰："凿齿忧君误死，君定是误活。然徒三十年看儒书，不如一诣习主簿。"

累迁别驾。温出征伐，凿齿或从或守。所在任职，每处机要，莅事有绩，善尺牍论议，温甚器遇之。

时清谈文章之士韩伯、伏滔等并相友善。后使至京师，简文亦雅重焉。既还，温问："相王何似？"答曰："生平所未见。"以此大忤温旨，左迁户曹参军。

……

初，凿齿与其二舅罗崇、罗友俱为州从事。及迁别驾，以坐越舅右，屡经陈请。温后激怒既盛，乃超拔其二舅，相继为襄阳都督，出凿齿为荥阳太守。

……

是时温觊觎非望，凿齿在郡，著《汉晋春秋》以裁正之。起汉光武，终于晋愍帝。……凡五十四卷。后以脚疾，遂废于里巷。

及襄阳陷于苻坚，坚素闻其名，与道安俱舆而致焉。既见，与语，大悦之，赐遗甚厚。又以其寒疾，与诸镇书："昔晋氏平吴，利在二陆；今破汉南，获士裁一人有半耳。"俄以疾归襄阳，寻而襄、邓反正，朝廷欲征凿齿，使典国史，会卒，不果。

……

凿齿之名，读写起来多少有些别扭怪异。然而无论是他本人，还是当时与之为伍者，似乎没有人觉得有什么不妥，说明其名字虽别具一格，却可能内涵雅致，这不禁令人好奇。有学者认为凿齿一名来源于西南少数民族的一种拔牙习俗，未免过于牵强。有文献表明，凿齿是上古帝尧时的一个部族，曾与尧所领导的羿发生过剧烈冲突并在冲突中失败，但带有浓厚的神话色彩。博学洽闻、穷通经史的习凿齿不会不熟知这个历史典故，他欣然用"凿齿"为名，或许是取远古凿齿族所具有的威武勇猛之象征意义。不过，古人表字，往往与名是连类而及，相互关联呼应的，或状其相貌，或补偏救弊、补其缺陷，或喻其美好前程等。习凿齿字彦威，威风、威武的威字前置一才彦、彦士的彦，分明就是一位威风、庄重、俊美的俊

习凿齿像（源自家谱）

彦了。如此说来，取一个威武英俊勇猛的名和字，应该是对习凿齿某一方面缺陷的补偏。史载习凿齿晚年有严重的足疾，不知他年轻时身体方面是否有某些不足。在讲究名士风度仪容的东晋时代，习凿齿的名和字很有可能是家人寄予其长大后威武俊俏的愿望。

习凿齿传记中生卒年全无，习氏后人及众多研究者只能综合相关文献资料做合理的辨析和推断。史上形成三种说法，分别为317—384年、325—393年、328—413年。综合判断，习凿齿生于公元320年左右，卒于公元384年襄阳家中。

习凿齿出身于地方世家大族，年轻时就颇有志气，博学多闻，以文笔著名于当世。永和元年（345年）"八月庚辰，（朝廷）以辅国将军、徐州刺史桓温为安西将军、持节、都督荆司雍益梁宁六州诸军事、领护南蛮校尉，荆州刺史"。按照汉晋以来州郡属吏在当地豪族中征辟的惯例，习凿齿被桓温辟为荆州府从事，从此开启仕途人生。

对于习凿齿的博学和机敏，桓温也亲眼所见。一次，东晋著名文儒孙

绰造访桓温，桓温让习凿齿与孙绰在家中相见。此前，二人还不曾相识。孙绰本性通达率真，喜欢开玩笑，开口便说："蠢尔蛮荆，大邦为雠？"这是《诗经·小雅·采芑》中的句子，原是指周天子警告蠢蠢欲动的荆州蛮族，要他们不可与中原大国作对。而习凿齿恰好是"蛮荆"之地的襄阳人，孙绰引用这两句诗，给初次见面的习凿齿开了一个善意而又带嘲讽的玩笑。然而，习凿齿更是饱学之士，也毫不示弱，立即回送一句："薄伐玁狁，至于大原。"语出《诗经·小雅·六月》。"大原"即"太原"，"玁狁"则是周代北方的少数民族，曾被周天子下令讨伐，被驱赶到山西太原一带，而孙绰恰好原籍山西太原。习凿齿同样引用《诗经》中的句子，并与孙绰祖籍相关，也笑讽回敬了孙绰，真可谓精妙绝伦，高胜一筹。又有一次，习凿齿与孙绰同行。孙绰走在前面，回头对习凿齿说道："沙之汰之，瓦石在后。"习凿齿回道："簸之扬之，糠秕在前。"孙的意思是调侃习为瓦砾，大浪淘沙，瓦砾落在后面；习则回应用簸箕扬谷，糠秕就飘在了前面，以秕糠调侃孙绰。这是一次戏而不谑的玩笑，好嘲讽的孙绰又在与习凿齿的嘴仗中败下阵来。当然，习凿齿不光有机辩之才，他的捷对能力亦堪称一流，最有名的捷对是他和释道安在襄阳首次见面时发生的（后文详述）。

习凿齿被辟为荆州从事后，与江夏相袁乔相识，袁乔与桓温关系密切。袁乔十分器重习凿齿，多次在桓温面前夸奖其才干，桓温便升迁他为西曹主簿，关系亲密，待遇优厚。根据袁乔仅存的部分履历记载推断，习凿齿从荆州从事转任西曹主簿的时间在永和四年（348 年）八月前后（袁乔死前不久），此时桓温在占星人面前称习凿齿为主簿亦为印证。

永和四年八月，桓温以平成汉功迁征西大将军，开府仪同三司，封临贺郡公。桓温平蜀后自信心爆棚，开始阴怀犯顺之心，令主簿习凿齿将蜀地一位通晓天文术数的占星人请来，询问"国家祚运修短"，暗测他篡政的前景如何。占星人回答说："国势正兴旺，国运也很长久。"桓温疑心占星人难于直说，便粉饰言辞道："如果足下所说是实，这岂止是我的福分，而且是苍生的万幸。只是今日话语尽可说明白。国家必有小小的厄运，也应该说出来听听。"占星人道："太微、紫微、文昌三星之气象显示如此。绝无忧患。到五十年以后就难以预测了。"桓温大为不快，失望至极，便不再追问。过了一天，桓温送给占星人绢一匹，钱五千文。占星人便急忙奔告习凿齿道："家住益州，受命远道而来，今奉桓公旨意自裁，无法使尸骨返乡。因为足下仁厚慈爱，请为小人备棺立碑安葬于黄土。"习凿齿问其缘故，占星人说："桓公赐绢一匹，是让小人自缢，给钱五千，是置办棺材之费。"习凿齿说："足下差一点因误会而死！桓公这是用丝绢跟足下开个玩笑，赐钱是供路途费用。这是让足下离开回乡而已。"占星人大喜，第二天天一亮就去辞别桓温。桓温询问离去的本意，占星人以习凿齿之言作答。桓温笑道："习凿齿担心足下因误解而死，足下倒是因误解而得生。然而这真是三十年白读儒书，不如一问习主簿。"

这件事说明，习凿齿宅心仁厚，才思敏捷。他不愿意让占星人枉死，故意曲解了桓温的意思。桓温于是笑话占星人白读几十年书，还不如习主簿一句话有用。

习凿齿在荆州工作了十年之久，在当时的政治环境中能拥有响亮的名声和突出的宦绩，除了他个人的才能与努力外，主要得益于权臣桓温的知遇与提携。习凿齿升为治中时未满三十岁，对桓温表达了深感知遇之恩的谢忱。刘孝标注引檀道鸾《续晋阳秋》曰：

　　　凿齿少而博学，才情秀逸，温甚奇之。自州从事，岁中三转，至治中。

　　唐余知古《渚宫旧事》卷5《晋代》载：

　　……后迁为治中，时未三十。谢温笺曰："不遇明公，荆州老从事耳！"

　　这两段文字表明，习凿齿有卓绝之才学能力，所以提拔升迁极快，岁中三转，即在一年之中由从事而主簿，由主簿而治中（黄惠贤等学者辨析认为，"岁中三转"为"十岁中三转"之讹误）。时年还不到30岁。若以最大值29岁算，习凿齿大约生于元帝太兴二年（319年），若以"十岁中三转"论，则习凿齿大约生于明帝太宁三年，即325年左右。

　　习凿齿累迁荆州别驾，成为统摄群僚的幕僚长。桓温出兵征战，习凿齿有时随行有时留守，所任职务，常常处在机要之位，任职理事颇有功绩，擅长写书信论议，桓温十分器重和信任他。

　　后来习凿齿奉命出使至京师，当时的相王、后来的简文帝司马昱也十分敬重他。返回荆州后，桓温问："相王是怎样的人？"习凿齿答道："生平所未见。"与桓温旨意大为不合。因此被"左迁"（降职）为户曹参军。

　　起初，习凿齿与两位舅舅罗崇、罗友皆为州从事。及至习凿齿迁职为别驾，其职位在二位舅舅之上，习凿齿多次为舅舅向桓温陈请升职。桓温到后来被激怒，竟破格提拔他的两位舅舅相继为襄阳都督，"出凿齿为荥阳太守"（有史籍记载为"衡阳太守"，这里以《晋书》《四库全书考证》及今人余鹏飞的考证分析为准）。

　　以上所述习凿齿的两次职务变动，一次是因言获罪而被"左迁"，一次是激怒上司而被"出……为"，分明是说习凿齿遭遇了仕途上的两次重大挫折。史上绝大多数人都听从此说。

　　《晋书·职官志》："州置刺史、别驾、治中从事、诸曹从事等员。又有主簿……"治中为刺史的佐吏，"主众曹文书"。别驾是刺史的副官、佐吏，刺史乘车出行时其副手享有另乘一辆专车跟随的待遇，辅助刺史出巡，称为别驾从事史，简称别驾。治中、别驾都是州府僚佐之长，一主内，一主外，可以说是刺史的左右手，其地位往往被认为高于郡守。参军始设于东汉末年，曹操以丞相总揽军政，其僚属以参丞相军事为名参谋军务，简称参军。户曹参军掌户籍赋税、祠祀、农桑、仓库受纳。都督官职兴于三国，其后发展成为地方军事长官。太守则为一郡的最高行政长官。

有学者辨析指出，习凿齿之"左迁""出……为"不一定是被降职贬官了。在当时的大背景下，新旧职务的重要程度和职级待遇高低是显而易见的。

东晋王纲衰微，皇权积弱，军镇过重。从永和年中后期开始，桓温已完全掌控长江中上游地区，所隶实土过全国之半。户曹参军执掌着桓温势力范围内的兵役、赋税，非经验丰富之干才不能胜此重任，非腹心忠贞之士不会授此要职。习凿齿出任户曹参军，表明其具有杰出才干，更受到桓温的充分信任与倚重。从俸禄待遇上看，晋承汉制，别驾、治中不过是一个年俸区区百石的地方理民佐吏，仍属末吏之列，职由州刺史自辟。而诸曹参军乃军府、督府等府或王国属官，须经中央任命、板除或要履行中央的任命、板除手续，地位远在州府属官之上，俸秩约为四百石。再者，史籍有载，桓温对人才的爱惜程度和容人的雅量史上少见，他始终不拘一格网罗人才并量才而用，因材施用，甚至对几个与他有些过结的士人都不刻意追究。他希望得到心腹僚佐的支持乃至顺从当是实情，习凿齿一句出自本心赞美其政敌的话，使其内心有些不快和不满也想必是真，但还不至于因为这句并未达到"忤旨"程度的话，而直接给跟随自己十余年的爱将"穿小鞋"，甚至恼怒到将其贬谪左迁。否则，笼络不了人心，而且早早地暴露自己的篡逆野心，怎么可能成为把持朝政几十年的权臣呢？当然，他有可能会给予习凿齿适度的打压。

习凿齿任荥阳太守的时间在其任户曹参军后不久，据推断，大约在公元356—357年，起因是习凿齿多次陈请提拔其两位舅舅而引起桓温的不快。史上观点几乎一致认为，出习凿齿为荥阳太守的方式是一种对其仕途

的打击，其理由有三：一是桓温将其两位当时仅为荆州从事的舅舅先后超拔为大郡、重郡的襄阳都督，反而让已高居别驾、户曹参军之位的习凿齿出任地位比襄阳都督低、条件差得多的边郡荥阳太守，如此打发习凿齿，只是成全了他在两位舅舅面前工作时不再难堪的心愿；二是习凿齿的郡守没有带将军称号；三是荆州别驾是一个拥有实权的岗位，调到边郡荥阳是一种发配。

上述理由与事实不符。其一，罗崇、罗友被桓温提拔理所当然，合情合理，且二人后来的治绩也证明，桓温的提拔是正确的。其二，荥阳郡是永和十三年（357年）桓温取得收复洛阳的胜利后设置的，虽为边郡，但其重要性关系中原地区安危，务须委派心腹重臣前往戍卫抚治，荥阳太守一职历史性地落到了习凿齿身上。其三，简单的一句"出为荥阳太守"不足以表明习凿齿当时是否带有将军职，不能排除为史家之省笔。同时，晋史中郡守不带将军职者不在少数，与刺史性质一样，就东晋门阀政治生态而言，习凿齿能出任不带将军职的郡守已殊为不易，属显任。第四，从表面上看，荥阳太守和其两位舅舅的新晋职位相比，对习凿齿是显得有些不公，但从官职上讲算得上是地地道道的升迁。据《宋书·百官志》可知，郡太守秩级比别驾、户曹参军高得多，为第五品，秩二千石。可见，"出为荥阳太守"中的"出"并没有明显的贬义。相反，从刺史自行辟除的州佐史到朝廷命官的郡太守、封疆大吏，何打击发配之有？

事实上，循州治中、别驾→府诸曹参军→郡守之路升迁的两晋官僚极多，仅从桓温麾下循此路晋升的就有多位。故无论从哪方面讲，习凿齿出镇荥阳，乃是直接升迁。不赘述。

他回到襄阳，闲居习家池。本传称"废为里巷"，但事实上，正是在这个阶段，习凿齿奠定了他名高两晋的一生事业。据《晋书》等记载，当时桓温图谋篡位，习凿齿即著写《汉晋春秋》裁定正逆来节制桓温。书起于汉光武帝，终止于晋愍帝，共五十四卷。

孝武帝太元四年（379年）二月，襄阳被前秦苻坚占领，苻坚平素多闻习凿齿的大名，便用轿子将习凿齿与释道安一起接到长安。相见后奉为上宾，赐赠礼物非常丰厚。又因为习凿齿跛足，苻坚给各镇的文书中说："从前晋朝司马氏平定吴国，利在获得陆机、陆云二位才士；今日我平定汉南，所获得仅仅是一个半人而已。"不久习凿齿因病返回襄阳。太元九年（384年），襄阳、邓州回归东晋，朝廷打算征召习凿齿，让他主管撰写国史。适逢习凿齿病故，此事便告中止。这表明，习凿齿就是在这一年（384年）逝世于襄阳，终年约为65岁。至于有关习凿齿卒年和逝世地的其他说法，主要源自部分学者对江西新喻《白梅习氏族谱》的研究，认为习凿齿晚年为避前秦苻坚之逼，携妻、子先徙居江西万载书堂山，后隐居新喻白梅并卒葬于此，但论据疑为造伪，因为史书与家谱相比，权威性自不待言。

还有一个疑问：习凿齿是难得的人才，足疾早就有，在长安也可以就地疗养，苻坚怎么就放他回乡了呢？理由似乎不够充分。纵观习凿齿的一生，这应该与他尊崇儒家思想、坚守民族气节、对晋室忠心耿耿有莫大的关系。他在《别周鲁通诸葛论》中曾骂周瑜、鲁肃为孙权割据势力服务是犯了路线错误的无耻小人。可以想见，要让他在长安为前秦氐族政权服务是根本不可能的，他一定是以足疾为借口，经反复要求才得以获准回归梓里，履行了他所倡导的"若乃力不能合，事与志违，躬耕南亩，遁迹当年"（《汉晋春秋》）的逃避方式，而与前次免官回乡不同。

在两晋"上品无寒门，下品无世族"的政治环境中，出身乡豪的习凿齿原本只能辟为僚佐类的中下级官吏，而他却能在政务纷繁的大州荆州任职十年（345—355年），完成从从事到治中、别驾的三级跳，升腾至举足轻重的荆州上层并应付裕如，再从军府佐吏到朝廷命官的封疆大吏，实属不易，充分显示了他的聪明才智和杰出才干。载入史册，实至名归。

第二节　文采飞扬

习凿齿年轻时即以擅长文学而闻名。"博学洽闻，善尺牍议论"，表明他曾写过大量信函之类的文章。从其保留下来的并不完整的书信作品看，习凿齿堪称书信大师，每封书信不仅将所述事状叙述得清晰明白，表现出了其渊博的知识和深邃的思想，而且文字凝练如镂，用词奇崛峻拔，可谓劲健含蓄，精巧工丽。留下的一首小诗和铭也极为生动有情，显示出习凿齿在文学方面有出类拔萃的建树，即使与文学大家相比亦不逊色。

两汉以后，各地各级政府都极力搜寻有才华擅辞藻的学者做幕僚，以处理公文函件并出谋划策，习凿齿具备深厚的文字功底，在桓温帐下任幕僚长达十年之久，无疑是其中的佼佼者。我们不妨来拜读一下习凿齿传世的部分作品，领略那行云流水般的文笔、泉涌雨施般的才情和宏廓深邃的思想。

桓温之弟桓祕也颇有才气，素来与习凿齿交好。习凿齿免去郡守之职后返回襄阳，给桓祕写了一封信，姑称之为《与桓祕书》：

吾以去岁五月三日来达襄阳，触目悲感，略无欢情。痛惋之事，故非书言之所能具也。

每定省家舅，从北门入。西望隆中，想卧龙之吟；东眺白沙，思凤雏之声；北临樊墟，存邓老之高；南眷城邑，怀羊公之风；纵目檀溪，念崔、徐之友；肆睇鱼梁，追二德之远；未尝不徘徊移日，惆怅极多。抚乘踟蹰，慨尔而泣曰：若乃魏武之所置酒，孙坚之所陨毙，裴、杜之故居，繁、王之故宅，遗事犹存，星列满目。璀璨常流，碌碌凡士，焉足以感其方寸哉？

夫芬芳起于椒兰，清响生乎琳琅。命世而作佐者，必垂可大之余风；高尚而迈德者，必有明胜之遗事。若向八君子者，千载犹使义想其为人，况相去之不远乎？彼一时也，此一时也，焉知今日之才不如畴辰。百年之后，吾与足下不并为景升乎？

当时桓温的篡逆之心已昭然若揭，他甚至说："既不能流芳后世，不足复遗臭万载邪！"凿齿深恶之，以疾辞郡。回襄阳后，为襄阳历史上的"命世作佐者"和"高尚迈德者"所感，觉得不能对桓温谋篡坐视，而当继续谏止。所以写信给桓祕，希望桓祕能从中有所作为。他以蜀汉为正统，曹魏、孙吴为篡逆。晋灭蜀汉取得正统，平吴而统一天下，寄寓讥讽桓温篡逆之意。这封信怀古明志，感情激越，有明确的针对性，大丈夫当流芳后世，绝不可遗臭万年。告诫桓氏，当做襄阳历史上"八君子"那样的人，而不要做"璀璨常流，碌碌凡士"。

开篇两句，除交代回襄阳的时间之外，主要表述自己回来后的情感之悲。"触目悲感"，说明悲的范围至大；"略无欢情"，说明悲的程度至深。这是概写悲情。究竟如何悲苦？当做具体描述。所以，习凿齿补充一句："痛恻之事，故非书言之所能具也。"内心的痛苦和惆怅，是不能用文字书写详尽的。仅此两句，我们看到了一个爱国者关心朝政，忧心如焚的形象。

接着一段，写"触目"所见襄阳"八君子"遗迹。习凿齿的舅父罗崇、罗友，住在襄阳城内，他非常敬重他们，所以要"每定省家舅"。"从

北门入"，交代方位。习凿齿家在襄阳城南的习家池，照说当从南门入。从北门入，当另有情由。或因足疾不便路行，而乘舟泛汉水而至？或是一种暗示，告知桓祕，自己的足疾未愈，依然不便行走。当然，也就不能要求复职，去为桓氏效力。"西望隆中，想卧龙之吟"，写诸葛亮躬耕隆中，抱膝长啸《梁甫吟》。因其志向远大，有经天纬地之才，被汉南名士庞德公题品为"卧龙"，后来辅佐刘备，成为一代贤相。习凿齿对他非常仰慕，曾亲往其故宅凭吊，并撰《诸葛故宅铭》，铭中盛赞诸葛亮为"达人""伟匠"。"东眺白沙，思凤雏之声"，写庞统。"白沙"是地名，庞统家居。"凤雏"是庞德公对庞统的题品。他为刘备入蜀立国出谋划策，并为此献出了宝贵的生命。"北临樊墟，存邓老之高"，写隐于樊墟的高士。"樊墟"即樊城。"南眷城邑，怀羊公之风"，写荆州都督、征南大将军羊祜。西晋之初，羊祜镇襄阳，为政清廉，筹划深远，政绩卓著，为平吴统一天下建立了不朽的功业。羊祜死后，襄阳百姓于岘山祜平生游憩之所建庙立碑，岁时享祭。望其碑者莫不流涕，羊祜继任者杜预因名之为堕泪碑。接下去写崔州平、徐元直。此二人在刘表治下的荆州与诸葛亮为友，他们住在襄阳西南的檀溪。徐元直对诸葛亮出山为蜀汉丞相有举荐之功。"肆睇鱼梁，追二德之远"，写庞德公和司马德操。因为他们的名字中皆有一个德字，加之二人皆为当时德高望重的名士，故称"二德"。"肆睇鱼梁"的意思是：纵目远望襄阳东北汉水中的鱼梁洲。庞德公住在这里，司马德操、徐元直、诸葛亮等人经常在此聚会。以上八人，习凿齿称之为"八君子"（信中所列襄阳八位俊杰）。其中诸葛亮、庞统、羊祜等，则当属习凿齿所谓之"命世而作佐者"，这样的人，"必垂可大之余风"。而邓老、庞公、司马德操等则应属习凿齿所谓"高尚而迈德者"，这样的人"必有明胜之遗事"。正是这些"余风""遗事"，令习凿齿不能不感慨系之。每思及此"未尝不徘徊移日，惆怅极多"，以至于"抚乘踌躇，慨尔而泣"。这一段连用了六个排比句，写得气势非凡。"若乃"以下，则是另一层意思。

同"八君子"相比，曹操、孙坚、裴潜、杜袭、繁钦、王粲等人，虽然"遗事犹存，星列满目"，但他们皆"璩璩常流，碌碌凡士"，是不足以感动人心的。"魏武之所置酒"是指曹操南征刘表，刘表病卒，其子刘琮投降，曹操为庆祝胜利而置酒汉水之滨，幕府文人作赋言咏之事。"孙坚之所陨毙"是指孙坚进击刘表，在襄阳南凤林关遇伏毙命之事。在以汉为正统的习凿齿看来，曹操、孙坚二人皆为乱臣贼子。"裴、杜之故居"，裴指裴潜，"避乱荆州，刘表待以宾礼"，与避乱荆州的王粲、司马芝亲善。杜指杜袭，繁钦之师。同样"避乱荆州，刘表待以宾礼"。后来二人皆投入曹操的麾下。"繁、王之旧宅"，繁指繁钦，师事杜袭，避乱依刘表，"数见奇于表"。在杜袭以断绝师生关系相威逼下，远离了刘表。王指王粲，十六岁来襄阳依刘表，曹操南征时极力劝谏刘琮投降，被曹操封为关内侯。以上四人有一个共同点，那就是"身在襄阳，心在邺下"。享受着刘表给予的宾礼，却说着刘表的坏话。璩璩：本指细微、细碎，引申则指人品猥琐。

在"八君子"与"六常流"对比之后，习凿齿感慨颇深。芬芳来源于椒兰，清音发自琳琅玉石。这是隐喻，是对"八君子"的礼赞。"命世而作佐者，必垂可大之余风；高尚而迈德者，必有明胜之遗事。"这两个对句，依然是对"八君子"的极力颂扬。"千载犹使义想其为人"，"千载"是夸张，东汉末诸葛亮躬耕隆中之时至东晋习凿齿写此信之时，不足二百年。江山代有才人出，"焉知今日之才不如畴辰"。这里似乎仍在暗示桓氏，当以"八君子"为楷模，尤其是应以诸葛亮、羊祜等"命世作佐者"为榜样，抓住当前机遇，为东晋王朝建不朽之功业。最后一句，"足下"是对桓祕的敬称，意思是我们应当正视现实，为国家做一些事情，否则的话，百年之后的人们会把我们当作平庸的刘景升（刘表）一样看待的。不过客观地说，刘景升在襄阳是颇有作为和建树的，说他平庸有失偏颇。

然而，桓祕最终还是做了桓温的帮凶，辜负了习凿齿的良苦用心。

　　这封短信是习凿齿免官归乡后极度苦闷，在探望其舅舅时，于城中举目四望，触景生情而发出的一段思古之幽情，但其思想并不消极颓废，明确地表述了他对汉末至晋初发生在襄阳的历史事件的看法，以及对生活在襄阳的历史人物的评价，反映了他以汉晋为正统的历史观。同时，这封短信是对当时桓温企图谋篡的揭露和旗帜鲜明的表态，生动地表现了晚年退出政坛的习凿齿仍"风期俊迈"，期盼有所作为之心未曾有丝毫减退。其言也果然不虚，百年之后，习凿齿终以其突出的节操修为、出众的才学识见、豪迈的为人品格而永久流芳。

　　这封短信洗练明快，是一篇文采飞扬的精美散文。它以追思前贤，并且与桓祕共勉的方式，用对比、排比、议论、抒情等文学手段，挥洒翰墨，寄情深远，成就了一件不可多得的艺术珍品。其笔法为宋代大文豪苏东坡所模仿蹈袭，习凿齿的风度就是如此豪迈出众。

　　再来看《与谢侍中书》：

　　　　此有红蓝，足下先知之否？北方人采取其花，染绯黄，按其上英，鲜者作燕支。妇人妆时用作颊色。作此法大如小豆许，而按令遍，色殊鲜明可爱。吾小时再三过见燕支，今日始睹红蓝耳。后当为足下致其种。匈奴名妻阏氏，言可爱如燕支也。阏字音燕，氏字音支，想足下先亦作此读《汉书》也。

　　此信是习凿齿写给时为侍中的谢安的，向谢安推荐一种花蕊可做胭脂的植物——红蓝。写信的时间约在公元 371 年前后，谢安任侍中期间。习凿齿写这封信的目的不只是向谢安介绍这种植物，主要目的是要送给他红蓝的种子，并借此解读匈奴单于为何将妻子叫"阏氏"，原来是与胭脂同音同义，意思是单于的妻子像胭脂一样漂亮。西河旧事歌中有"失我燕支山，使我妇女无颜色"的歌词，由此不难理解，当年的燕支山上一定长满了红蓝。

习凿齿的信函都是轻松熟练地引经据典，内容扼要宏富，文辞凝练精辟，即使晦涩烦枯的佛经教义、老庄哲学，在他的笔下都能简明生动地写出，让人释疑解蒙，读来清新晓畅，润抚心脾，其学识和文字功底远非一般学者所能企及。他的《与释道安书》等书信将在后文介绍，下面来看其存世的诗和铭文。

《灯》，诗载《艺文类聚》：

> 煌煌闲夜灯，修修树间亮。
> 灯随风炜烨，风与灯升降。

描写的是节日的夜晚，众多明亮的灯挂在高高的树上，随风飘荡摇曳、煌煌炜烨，场景真切，极为传神。诗已经把韵律和意境很好地结合起来，形式和内容达到了完整的统一，从中可以窥见，习凿齿在诗方面也有着相当的造诣。不过，诗中描写的灯为何高高地挂在树上，又如何会随风飘荡让人有些费解。明冯惟讷《古诗纪》载录这首诗时称"一作《咏笼灯》"，或许这就是正确答案。

《诸葛武侯宅铭》：

> 达人有作，振此颓风。
> 雕薄蔚采，鸱阑惟丰。
> 义范苍生，道格时雍。
> 自昔爱止，于焉龙盘。
> 躬耕西亩，永啸东峦。
> 迹逸中林，神凝岩端。
> 罔窥其奥，谁测斯欢。

堂堂伟匠，婉翮阳朝。

倾岩搜宝，高罗九霄。

庆云集矣，鸾驾三招。

　　这是习凿齿留下的唯一一篇极为温润的铭文名篇，当是其退居习家池后所作。习凿齿对诸葛亮深怀敬仰，推崇备至，他曾专程到隆中孔明故宅凭吊，对孔明的品评很多，裴松之在《三国志》注中就引用了九条。习凿齿把对诸葛亮的仰慕钦羡之情倾注于笔端，在此铭中高度概括了诸葛亮在襄阳隆中的主要活动，歌颂诸葛亮躬耕苦读时就已经注定将是一位奋发有为、能挽救当时世风日下的伟大人物。铭文描写了诸葛亮故居的景物，称扬其品格高尚，为苍生典范；称颂其躬耕吟啸、独善其身；称道其志向远大、雄心万丈；称誉其出类拔萃，非常人所能赏识；称赞其蓄势待发，将

古隆中牌坊

古隆中武侯祠

扶摇九天，终于"庆云集矣"，昭烈皇帝的鸾驾三次驾临恳请其出山。全文精辟地论述了诸葛亮一生志在中兴汉室，追求统一大业的丰功伟绩；也赞颂了诸葛亮公正无私，执法严明，旨在造福黎民百姓的高尚品格。习凿齿还将诸葛亮的《后出师表》收入他的《汉晋春秋》中，对考证此文提供了有力的佐证。因此，在四川成都武侯祠里，后人留下这样一副对联：

异代相知习凿齿；
千秋同祀武乡侯。

第三节　著史立说

习凿齿一生诗文并茂，著作颇丰，主要作品有《汉晋春秋》《襄阳耆旧记》《逸人高士传》《习凿齿集》等。四书皆早已亡佚，其中《汉晋春秋》《襄阳耆旧记》有清人辑本和今人校补本行世，《习凿齿集》仅剩零散文字数篇（节）见于《晋书》，而《逸人高士传》已无从寻觅。《逸人高士传》为隐士传记，是正史传记之外的人物杂记。魏晋南北朝时期高士类杂传繁荣一时，可惜大部分都没有流传下来。

《校补汉晋春秋》书影

《汉晋春秋》是影响深远的史学名著，提出了"晋越魏继汉"的千古宏论。

习凿齿开始撰写《汉晋春秋》是在任荥阳太守期间，完成是在其病归襄阳习家池之后。《汉晋春秋》将东汉、三国、西晋三代三百余年的历史集于一体，带有明确的政治目的。历史上大多数史学家都认为是为了裁正桓温觊觎非望的政治野心，《晋书》等史籍都记载一致，但唐代史学家刘知几却否定此说，他认为，裁正桓温觊觎之心，一篇赋箴足以当之，何须"勒成一史，传诸千载"！自古以来劝谏其上司的人都只是花很少的时间，以能立马随便写就的简短小文进行劝谏，习凿齿通过改写三国的政权性质，绕个十万八千里的大圈写成一部史书费时费力且没有必要。即使动机单一，书成之日，"岂非劳而无功，博而非要，与夫班彪《王命》，一何异乎？求之人情，理不当尔"（《史通·内篇·探赜》）。况且，桓温很自负，独断专行，未必会在意和明了习凿齿的良苦用心。事实上，桓温从永和四年（348 年）进位征西大将军以后便权倾朝野，荆州"士众资调，殆不为国家用"，国家实土之大半隶其治下。至升平四年（360 年）被封为南郡公，桓温更是独揽内外大权，其四个弟弟也身居要职。到兴宁元年（363年），桓温加侍中、大司马、都督中外诸军事、录尚书事，假黄钺，权力达到顶峰。然而，直到宁康元年（373 年）病逝，桓温一直没有实施其改朝换代的野心。人们不禁要问：究竟是东晋当局因为忌惮桓温的实力和功高盖主而诬其觊觎皇权，还是桓温"有贼心没贼胆"？不得而知。总之没有发现《汉晋春秋》与桓温"放弃篡逆"有直接的因果关系。再者，桓温对习凿齿有提携知遇之恩，尽管习凿齿无意攀附，更反对权臣篡逆，但未见其与桓温关系恶化的具体迹象，而在桓温死去十年后，习凿齿还在抱病给孝武帝上《皇晋宜越魏继汉，不应以魏后为三恪》的长疏，说明裁抑桓温野心、"取诫当时"只是习凿齿撰写《汉晋春秋》的政治动机和目的之一，而不是他的全部和终极目标。

孟子曾说："孔子成《春秋》而乱臣贼子惧。"习凿齿秉持《春秋》之义，采用《春秋》三传的编年体体例撰写《汉晋春秋》，叙事也仿照春秋笔法，就是在记载一个历史事件后，对其中重要人物事件用正统的思想观点予以尖锐的褒贬评论。其主要内容，一是对三国重要历史人物、事件以及三国时期的政治、经济、军事、外交、民族关系等进行了评述，二是对社会关系处置原则进行了总结。

习凿齿一改对于魏晋帝位的禅让和接替等史事自王沈《魏书》始多用曲笔的风格，鄙弃《三国志》作者陈寿阿时媚主、讳败夸胜的做法，以名教纲常为标准，以忠孝节义为价值取向，也以人情常理为依据，秉笔直书，实事求是地品评史事，率直简明，得体合理。

陈寿《三国志》是以魏为正统，从而对统治集团内部的斗争和倾轧不得不有所隐晦，有些史实论述不得不用曲笔，做些变通的处理。而《汉晋春秋》以蜀汉为正统，可以交代清楚许多以魏为正统而难以书之于史的历史事实，直接揭露曹氏、司马氏集团成员中的丑恶行为。习凿齿用大量事实材料说明，诸葛亮作为蜀汉丞相，在政治、经济、外交、军事、民族关系等问题上的处置卓有成效，其治国业绩、执法水平，是后继的蜀汉丞相、大臣所无法比拟的，是值得人们永远崇敬和景仰的政治家、军事家，他的功绩彪炳千古，对后世的影响深远而巨大。同时，他又批评诸葛亮斩马谡，"难乎其可与言智者"。

习凿齿赞誉"帝室之胄"刘备是一位英雄豪杰，其品性值得肯定和褒奖，"虽颠沛险难而信义愈明，势逼事危而言不失道"，同时又谴责"今刘备袭夺璋土，权以济业，负信违情，德义俱愆"。有褒有贬，令人信服。

习凿齿之所以对蜀汉政权的代表人物刘备和诸葛亮大加褒赏，是因为"于三国之时，蜀以宗室为正"。所以他忠实地记载下他们的嘉言懿行，使民众为之振奋而深感荣耀和自豪，为的是解决晋朝越魏继汉的国统问题。

在评议曹操时，习凿齿站在"抑魏"立场上，既有所保留地肯定这位三国时期著名政治家、军事家的谋略和胆识，又揭露其狡诈、阴险的一贯伎俩，批评曹操因一时得意，对张松态度傲慢，导致前功尽弃，统一大业功败垂成，实在是不值得。告诫统治者要谦和谨慎，否则容易因小失大。评曰："昔齐桓一矜其功而叛者九国，曹操暂且骄伐而天下三分，皆勤之于数十年之内而弃之于俯仰之顷，岂不惜乎！"总的来说，习凿齿在处理曹氏和各地军阀割据势力之间的矛盾时，是站在曹氏势力这边的，因为习齿反对分裂割据，主张大一统，而曹氏在统一全国中作出了很大的贡献，所以在曹氏与各地军阀的斗争中，曹操的行为得到了习凿齿的肯定。

《汉晋春秋》对司马氏与曹氏集团争权的史实进行了真实记录。在此之前，司马氏是如何夺取曹魏大权的，史载不明。习凿齿在书中不但记叙了魏明帝曹叡在与司马氏明争暗斗中大权不断旁落的前因后果，还详细叙述了司马氏与曹氏集团之间矛盾表现最为典型的事例，即高贵乡公曹髦被杀一案。正元元年（254年）高贵乡公即位时，才14岁，聪明有才气、有胆识，只是有些轻躁，少年气盛。他在位期间，淮南两次起兵反对司马氏。诸葛诞失败以后，司马昭专权跋扈，曹髦气愤不过，多次与司马氏集团发生冲突。甘露五年（260年），高贵乡公被杀。然而其具体经过史籍未作详细记述，陈寿在《三国志》中仅用短短十二个字记述："五月己丑，高贵乡公卒，年二十。"继而记有《皇太后令》，历数曹髦无德，称其被杀是咎由自取，然后又以一段司马昭的上言，将杀死曹髦的责任推给一个小小的太子舍人陈济，尽量为司马昭掩饰和开脱罪责。而习凿齿在《汉晋春秋》中的记载却鲜活而详尽：

> 帝见威权日去，不胜其忿。乃召侍中王沈、尚书王经、散骑常侍王业，谓曰："司马昭之心，路人所知也。吾不能坐受废辱，今日当与卿自出讨之。"王经曰："昔鲁昭公不忍季氏，败走失国，为天下笑。今权在其门，为日久矣，朝廷四方皆为之致死，不顾逆顺之理，非一日也。且宿卫空阙，兵甲寡弱，陛下何所资用，而一旦如此，无乃欲除疾而更深之邪！祸殆不测，宜见重详。"帝乃出怀中版令投地，曰："行之决矣。正使死，何所惧？况不必死邪！"于是入白太后，沈、业奔走告文王，文王为之备。帝遂帅僮仆数百，鼓噪而出。文王弟屯骑校尉伷入，遇帝于东，止车门，左右呵之，伷众奔走。中护军贾充又逆帝，战于南阙下，帝

自用剑。众欲退，太子舍人陈济问充曰："事急矣，当云何？"充曰："畜养汝等，正谓今日。今日之事，无所问也。"济即前刺帝，刃出于背。文王闻，大惊，自投于地曰："天下其谓我何！"太傅孚奔往，枕帝股而哭，哀甚，曰："杀陛下者，臣之罪也。"

学界一致认为，这一充满激情的记叙，最能代表习凿齿的叙事风格，他虽未加一句评论，却将司马昭对曹氏势力的诛杀描写得淋漓尽致，让人脊背发凉。这一史实的客观记录，既是对司马氏篡政的无情揭露，使后人认识到司马昭派亲信刺杀魏皇帝曹髦的阴谋，同时又是对司马氏智勇、果决的高度赞颂。

习凿齿对死诸葛走活仲达等事也多有揭露，还对司马氏政治品质及军事才能作了评价，多以曹氏的愚笨无能衬托司马氏的睿智神勇和杰出谋略。

今曹爽以骄奢失民，何平叔虚而不治，……今懿情虽难量，事未有逆，而擢用贤能，广树胜己，修先朝之政令，副众心之所求，爽之所以为患者，彼莫不必改，夙夜匪懈，以恤民为先，父子兄弟并握兵要，未易忘也。

将曹爽和司马懿进行对比，认为司马氏取曹氏而代之的缘由是曹爽骄横奢侈失去了民心，相反，司马懿却选拔使用德才兼备的人，大量培养才能超过自己的人，又都遵循先朝政令，体恤百姓疾苦。

此外，习凿齿对司马师、司马昭的善于治军也是倍加赞扬。他总结历史经验教训得出结论："司马大将军引二败以为己过，过消而业隆，可谓智矣。""讳败推过，归咎万物……谬之甚矣。"这些见解，在今天看来仍然有着积极意义。他告诫后人不应该忘记这个真理，因为"推卸过错"，就会使"上下不和，人心涣散"。

关于蜀汉亡国的原因，习凿齿认为是后主刘禅在统治后期政治腐败、宦官干政以及曹魏、孙吴军队乘机攻击等多种因素造成的，刘禅"乐不思蜀"是不得已而为之。

习凿齿运用大量材料事实和分析评说，告诉人们：

第一，三国不是一个历史朝代，故书名称为《汉晋春秋》，表明汉晋为两个相邻的朝代，根本就没有三国或曹魏一朝之说。《晋书·习凿齿传》载：

> ……于三国之时，蜀以宗室为正，魏武虽受汉禅晋，尚为篡逆，至文帝平蜀，乃为汉亡而晋始兴焉。引世祖讳炎兴而为禅受，明天心不可以势力强也。

习凿齿认为，三国鼎立之时，西蜀作为汉朝宗室为正统，曹魏没有实现统一大业，虽然接过了汉皇位后又禅让于晋，仍为篡逆。他甚至还拿民间谣传来为晋代汉是天命所归造势。《襄阳耆旧记》专门记载了这样一个传言故事，故事将刘禅的"禅"解读为"禅让"，刘备的"备"解读为"具"，意为蜀汉政权已经完结，当授予他人。刘禅最后使用的年号是炎兴，炎兴元年司马昭灭蜀，这一年才是汉朝覆亡，而晋的开国皇帝是司马炎，正应了"炎兴"二字，宣明天帝旨意不容许以势力强夺皇位。晋朝完成了一统天下的大任，才算是一个真正的朝代，才能真正上承汉朝。《晋书·习凿齿传》中习凿齿有言：

> ……自汉末鼎沸五六十年，吴魏犯顺而强，蜀人杖正而弱，三家不能相一，万姓旷而无主……除三国之大害，静汉末之交争，廓九域之蒙晦，定千载之盛功者，皆司马氏也。

第二，曹氏不具备称王的王道。王道是判断政权正统与否的决定性因素。他列出众多论据，比如以共工不得列位于帝王、汉代继承周朝而不说是秦朝为例，指出晋朝应为继承汉朝为正统，而不是暂统数州、割据一方，既没有实行王道，也没有做过一日天下共主的曹魏。《晋书·习凿齿传》载：

魏武超越，志在倾主，德不素积，主险薄冰。

第三，西汉王朝虽然是在秦朝灭亡的基础上建立的，秦末农民起义建立了张楚政权，还立过楚怀王，也没有承认自己是承继于秦朝，而认为是承继周朝而建立的王朝。汉承继周，为晋承继汉的观点提供了历史依据。

习凿齿认为，天命是从汉献帝转移到刘备、刘禅父子，再转移到司马昭手中。可问题在于，无论是西晋还是东晋，都不承认刘备的皇帝之位。西晋的江山是曹魏"禅让"的，所以西晋官方以曹魏为正统朝代。在陈寿的《三国志》中，曹操的传记《武帝纪》是皇帝专用的本纪，而刘备的传记是《先主传》，明确地"尊曹贬刘"。司马昭并不是晋朝的开国皇帝，终其一生，都是曹魏的臣子，天命就算转移，也是君主间的转移，即先转移到当时曹魏的皇帝魏元帝身上，再传给晋武帝司马炎。这么大的漏洞，习凿齿不可能不清楚，那么他为什么在《三国志》成书几十年后，"反主流"地在自己编撰的史书中公开"尊刘反曹"呢？

习凿齿提出这一理论的原因不是他对蜀汉乃至汉室有深厚的感情。有人认为习凿齿是襄阳人，蜀汉政权与襄阳的关系匪浅，襄阳习氏是汉政权的受益者，习凿齿对蜀汉政权和蜀汉人物有特别的感情，所以给予好评。此说有些道理，但未免失之偏颇和狭隘。习凿齿更多的是从道义的角度，对蜀汉及其代表的为汉室奋斗不屈的抗争精神予以褒扬，他书中的蜀汉，更多地是以一种扶翼汉室，对抗篡汉的曹魏的正义姿态出现的。习凿齿实际的想法是"越魏继汉"，而非想要掀起一场改帝魏为帝蜀的正统之争。

魏晋南北朝时期，文化氛围浓厚，修史之风盛行，正史野史都很繁荣。习凿齿热爱史学，并具良史之才，关键他是一位比别人站得更高看得更远的封建学者，为了"定邪正之途，明顺逆之理"，将晋朝从名不正、言不顺的魏晋禅让的建国理论中解脱出来，达到改变三国正闰的根本目的。

《汉晋春秋》否定三国为一个历史朝代，为了解决这一"技术难题"，习凿齿将三国时代设定为东汉政权的延续，将刘备的蜀汉政权定性为继承汉室的正统合法政权，曹魏政权是反动篡逆的伪政权，孙吴政权是浑水摸鱼的分裂割据势力，因而自成一个完备体系。为此，他将与诸葛亮性质类似的周瑜、鲁肃在汉未灭亡以前不效力朝廷，却尽臣礼为东吴服务，界定为不守忠节的小人，悖逆于纲常伦理。其实质是要表明晋政权是一个伟大正义的，所承续的是汉而不是受禅于篡逆的合法政权，将司马氏诛杀曹魏诸帝定性为对反动邪恶势力的坚决无情打击，是毫不手软的正义行为。

《汉晋春秋》完全改变了《三国志》以魏为正统，晋政权来自曹魏禅让的立国根基。其实，晋朝决定官修《三国志》时是经过反复讨论的，目的就是要阐明晋代魏政权的合法性，如果否定了前朝的正统地位，也就否定了当朝的合法性，为回护司马氏，就得回护曹魏，就得以魏为正统，以吴、蜀为偏霸的体例来写。以史学上常用的以事功为立论依据，陈寿的《三国志》以曹魏为正统并无大错，习凿齿的《汉晋春秋》反而是个例外。但是，中国历史是以春秋笔法、封建纲常为撰写标准，"强不敌义，势不灭理"。如果以篡逆的方式夺取当朝政权的势力一旦成了史家笔下的合法政权，那就是逆天理，泯道义，封建社会的纲常伦理、统治秩序、价值体

系就会轰然崩塌，国家就会长期陷入成王败寇的动乱之中。习凿齿反对分裂割据、反对篡逆，主张抗击外族入侵，主张大一统。其书以"汉晋"为名，三国时期采用蜀汉年号纪年，表示"魏"不序于帝王之列，而是晋承汉统，以司马昭平蜀作为"汉亡而晋始兴"的标志。习凿齿要建立一套晋朝建国新理论，这应该是他写《汉晋春秋》的根本目的。

其实，汉末三国时期，曹魏与蜀汉在朝代正统的问题上势不两立，互指对方为"非法政权"。因此从西晋到清朝，有关曹魏和蜀汉谁为正统朝代的政论从来没有停止，哪怕清乾隆帝钦定曹操为"奸臣"都无法定论。习凿齿从封建纲常立场出发，坚持封建真理，爱憎分明，君王死社稷，忠臣死王命，义重人轻；主张维护皇权，拥护统一，尊崇王纲典律，反对叛逆篡政。他寓褒贬于叙事之中，意在用新的封建正统史观去代替陈寿的旧封建正统史观，让晋越魏继汉，把司马氏政权从篡逆的陷阱中拉扯出来，摆脱晋以篡逆接续篡逆的不利政治局面，其主要目的是为巩固东晋政权服务，达到"彰善瘅恶，以为惩劝"的目的。

《汉晋春秋》为封建政权的制度建设确立了根本原则，显现出超越时代的远见卓识，具有巨大的历史指导意义。另一方面，习凿齿忠诚于东晋，坚决反对士族门阀出身的权臣桓温之流"曹操转世"架空皇帝、把持朝政的行为，"取诚当时"，书中对司马氏极力美化，凸显出他对维护当朝政权的良苦用心，具有实实在在的现实意义。历史上主张儒家封建纲常的不乏其人，但为挽救现实政权危机，不仅为此专门撰写史书，还为之创建一套新理论的，习凿齿堪称史上第一人且是唯一一人，可谓空前绝后。然而其观点并没有受到东晋朝廷的特别对待和采纳。

《汉晋春秋》是习凿齿特意用史学为武器所作的一个撰史实践，旨在解决晋朝政权的合法性问题，达到惩戒当代并避免开乱于将来的目的。在习凿齿看来，当时所宣传的魏晋禅让理论实际上是一部弄巧成拙的历史丑剧，所暴露出来的国统不正问题将成为一个污点昭彰于青史，是危机四伏的东晋政权必须积极面对并迫切需要从理论上予以解决的政治大事，不能再自欺欺人，给乱臣贼子提供口实和可乘之机，影响政权的巩固。

与此同时，作为史学家、政治活动家，习凿齿根据历史经验和教训，总结出了处理阶级社会人与人之间关系问题的基本原则。

一是臣忠君。习凿齿指出，君臣之间，臣要忠于君，但君也要爱臣。忠臣要对君主既能指出其错误之处，还要充满过人的智慧，指出改正之途径。臣冒死进谏是忠臣。

二是顾大局，不计恩怨。习凿齿举贾逵在夹石之战中不计前嫌，及时救援曹休为例，认为朋友之间应是一种彼此信任、你我相知、德性相投的关系。在对敌斗争中要讲究策略，做事要想是否对自己有利。在处理棘手事情时要分析利弊，主动化解矛盾，化干戈为玉帛，将消极因素变为积极因素。

三是要讲义气、人性。不仅朋友之间要讲仁义，就是对待敌人也要讲人性。习凿齿对此尤其作了赞扬。晋时著名将领羊祜在都督荆州诸军事镇守襄阳时，修德养性，安抚吴人。羊祜每次与吴国开战都约定好日期，俘虏的吴国百姓也都安全送还。打猎的时候，羊祜不许部下超越边界线，如果吴国人射中的禽兽跑到晋国境内，都会给送回去。如果在吴国的边界上收割了粮食，也计价以绢偿还。羊祜在吴国军民中取得了非常高尚的名声，被尊称为"羊公"。有一次，吴国将领陆抗生病，羊祜给他开了药方，又派人送药。陆抗手下的人都劝他不要喝，万一是毒药呢？陆抗摇摇头说，羊祜怎么会用这种下三烂的手法呢？他抬头就喝下药。吴末帝孙皓派人质问陆抗，为什么和对手如此信任地和平相处，陆抗答复，我如果不讲信义，不正从反面验证了羊祜的德威吗？陆抗被羊祜的人格魅力折服，每次告诉他的边境守将和士兵们说："如果他专门做积德的事，我专门做残暴的事，这样不战自己就先失败了。所以要各自保卫边界，不要贪小便宜。"这样，吴、晋之间，多余的粮食长在田里对方不去侵犯，牛马跑到

对方的边境，可以通告一声就牵回去。有人认为羊祜、陆抗的行为失去了臣节，对两人都加以指责。习凿齿则发表评论说：以道理占优势的人，是天下人应该保护的对象，诚信不欺、顺应事理的人为天下所尊奉。

四是以儒家纲常为品评人和事的依据。习凿齿认为，经学的衰微，名教影响力的下降，乃是西晋衰亡、东晋动荡不安的症结所在，因此，儒学的伦理道德、纲常名教，应该作为臧否人物功过是非的标准，以达到彰善惩恶的目的。

在《汉晋春秋》中，习凿齿还记述了朝廷礼制习俗、宫廷与朝廷的内部争斗、地方行政建制变化等情况。

或许是上述政治信念的驱使，一向沉稳持重的习凿齿，在东晋收回襄阳不久，在其"沈沦重疾、性命难保"的临终前，冒着极大的政治风险，平生第一次直接给孝武帝上疏，苦心孤诣地将他的封建正统史观写成系统的文字，向朝廷陈述了他的《皇晋宜越魏继汉，不应以魏后为三恪》长疏（清人严可均将其简称为《晋承汉统论》），了却了他毕生忠于国家、忠于朝廷、忧国忧民的最后心愿。疏文收录于早已散佚的《习凿齿集》，所幸今天仍能从《晋书》看到其全文。疏文主要讲了三件事：

第一，陈述上疏的原因和心情，请孝武帝考察探寻古代帝王政权更迭传承的真谛，寻找隐藏其中的法则与规律，超然于当前的世俗庸见之外，高瞻远瞩，重新确立晋朝的建国理论。

第二，认为晋的国统应该越魏继汉，论述晋王朝以篡逆的曹魏伪政权的伪禅让为建国理论是一个巨大的错误，否定三国时期为一个新的朝代，从六个方面以答问的方式反复论证曹魏篡汉的反动性、不合法性，应将曹魏政权从正统的帝王朝代体系中清除出去，晋朝的建立是几位先皇机智勇敢地消灭反动的曹魏割据政权的结果，是伟大的正义行为，辩称司马氏三祖臣侍于魏是深入虎穴的暂时潜伏，是救国救民的非常举措。因此晋朝是汉政权的正统继承者，具有合法性。晋应该采用他的新建国理论来取代旧的魏晋间的所谓禅让理论。

第三，以晋朝实现了国家统一，结束了汉末以来的战乱来论述晋朝德行功业比汉伟大，比商、周正义，可与三皇五帝等量齐观，是一个合乎王道天德人心的帝王政权，曹魏是一个反动的非法政权，其后裔没有享受"三恪"政治待遇的资格，应予取消。所谓"三恪"，是指周对二个前代异姓王朝的后裔分封一块土地以绍其神明统绪，存其宗庙社稷，不让他们绝嗣，同时给以公爵的虚号，示其地位不与一般诸侯等同，周对他们不以臣礼相待，让他们享受宾客之礼，以彰显周对先代帝王的尊敬。因当时共封了三位先王之后，故称为"三恪"。

《晋承汉统论》最主要的内容，就是论述了晋承汉统的合理性。但是，反对此论者对他的诘难亦颇有力，理由有二：一是魏武帝曹操的文治武功在三国时期无人可比，文帝曹丕的帝位是通过汉朝皇帝的禅让而获得的，这样看来是魏承汉统；二是晋受禅于魏，如果魏的正统不存在，那么晋的正统自然也存在问题，作为晋的臣子难道可以同意这种观点吗？实际上这也是陈寿在著《三国志》时必然要考虑的两个问题。陈寿作为蜀汉的旧臣，蜀亡而入仕西晋，这样的双重身份必然使他在对正统问题的处理上左右为难，最终还是因为没能解决这两个问题而以魏为正统。习凿齿反陈寿之道而行之，对这两个棘手的政治问题作出了自己的回答。第一个问题，习凿齿主要从三个方面进行了否定：首先，对三国时代进行重新认识，从而否定魏的正统地位。《晋承汉统论》指出：

> 昔汉室失御，九州残隔，鼎峙数世，干戈日寻，流血百载，虽有偏平，而其实乱也。

一句"其实乱也"，就给三国的时代特点定了性。其次，用已有的范例，证明不存在魏为正统的可能性。这种方法类似于英美法系的判例判定

原则，即依据历史上已有的法庭判决对相似的案件进行裁定。最后，以司马氏与曹氏两两比较，凸显晋为正、魏为篡的合理性。疏文主要说明了司马氏的德行和功绩远在曹魏之上。对于第二个问题，习凿齿重点从两个方面进行了反驳：一是强调皇晋侍魏情况特殊，需要变通认识。晋三祖臣魏实际上是司马氏实现皇统高略的特殊途径。二是汉魏与魏晋的两次禅让的实质完全不同于尧舜时代，并不是两次真正意义上的连续的正统的接承。（后文还将述及）

习凿齿的新理论通过尊晋贬魏，将晋篡魏的历史改写为晋灭魏、顺取汉政权，避免给晋留下历史污点。他大声疾呼，要"解放思想"，更新认识，不要板滞僵化，要站在历史和国家战略的高度上，甩掉所谓晋受魏禅的历史包袱，将晋王朝直接推崇到尧舜的位置上。

上疏时节，正值东晋政权意外取得淝水之战的巨大胜利，不久顺利收回襄阳和邻近的上庸、西城等地，强大的前秦土崩瓦解，东晋的外部威胁完全消除，其时权臣已殁，在当时许多人看来完全是东晋王朝的大好时机。但习凿齿深知，汉以后的中国出现了一个篡弑相循、分合不定的漫长历史时期，他早已看到了魏晋建政理论存在的巨大缺陷，看到了东晋政权的实质问题。习凿齿在此时上疏，创出一套新的建政理论，说明他深谋远虑、独具慧眼，体现了对危如累卵的东晋政权的极端忧虑，为的是不给当代的觊觎者以口实，以挽狂澜于既倒，扶大厦之将倾。他的良苦用心在东晋朝中引起了一丝波澜，从朝廷征召他典国史，并将《疏文》全文保存至唐代被房玄龄等收录于《晋书》本传中便足以说明。然而，由于当时的主客观条件不允许，晋受魏禅的立国理论已深入人心，朝廷外患虽缓但内忧严重，着实无力无由"破旧立新"，只能将其束之高阁。习氏的新理论在当世没有产生实质性影响，但具有深远的历史意义，对封建政权的建立与巩固具有重大的指导作用。直到南宋以后，其新理论才迎来了适宜生存的土壤，受到统治者的重视采用，成为国家政权的重要纲常理论，显示出其为国家最高统治者服务的巨大价值。此后国家之篡逆事件明显减少，不能不说与习氏史论的确立有些许关系，也许正是因为这篇临终上疏，才真正让习凿齿扬名立万。

《汉晋春秋》和《晋承汉统论》记事翔实具体，为后世保存了大量有价值的史料，对于研究三国历史、地理、人文等具有重大意义。据统计，刘宋裴松之在为《三国志》作注时以"《汉晋春秋》曰"的形式引用史料70条，又用"习凿齿曰"的形式提供史论16条，合计达86条之多。裴注内容主要是六点，即《四库全书总目提要》所归纳的"六端"："一曰引诸家之论，以辨是非；一曰参诸书之说，以核伪异；一曰传所有之事，详其委曲；一曰传所无之事，补其阙佚；一曰传所有之人，详其生平；一曰传所无之人，附以同类。"其他引用《汉晋春秋》的史著和史注有十余种，其中以北宋《太平御览》引用最多，保存《汉晋春秋》中的史料19条，另有史论1条。还有《艺文类聚》、《后汉书》李贤注、《昭明文选》李善注、《资治通鉴》等也都采用了《汉晋春秋》的记事和评论。

总的来说，《汉晋春秋》和《晋承汉统论》体现出卓异的史学价值，主要有三：

第一，"变三国之体统"，以季汉承后汉，创新正统史学观。

中国古代的正统思想体系，"发端于先秦，定型于汉代"。学界公认正统论源于《春秋公羊传》的大一统观念。"正统"一般是指封建王朝先后相承的系统。汉族与其他民族之间对统治权的争夺成为政治领域的正统之争，其核心是采取分裂割据还是进行政治统一的纷争。有学者指出，所谓"正"即权力来源的正当性，也就是"来路正"；所谓"统"即前后统治者之间的连续性。习凿齿的新正统论是以下列五个方面内容作为依据而提出来的，逐层深入地充分论证了晋应该越过曹魏继承汉统的观点：一是"合天下于一"，在中国版图内建立统一的政权，其正统地位无人与之争锋，自然成正统。汉末三国是一个纷争的乱世，而乱世是不能算作一个朝

代的。同时，曹操父子无德无道，并没有实现统一，曹丕虽代汉，但那是臣对主的篡夺，绝非正统。司马氏臣侍于曹魏是潜居虎穴、韬光养晦、忠心汉室、替天行道的非常举措，其对待曹魏的卑劣手段不过是机智地以其人之道还治其人之身罢了，况且任何事情只需注重结果，不必在乎获得结果所采取的方法、手段。晋逐步取代曹魏，后平定蜀、吴，再次实现国家和民族的统一，从而奠定了伟功，因此司马氏代魏是势之所然、是正统。二是王道与天理。所谓"道义"，即仁义爱人。所谓"天理"，即指为臣要做忠臣，不能是篡逆之臣，要为君出智慧与谋略。"国君死社稷，忠臣死王命"，"苟有图危宗庙，败乱国家，王纲典律，亲疏一也"。曹操是一位暴君，劣迹斑斑，相反的，刘备"信义著于四海"，堪称仁义之君、有道之君的典范。三是汉姓血统与禅让。所谓"血统"，即统治者之间的血缘关系，尤其是立嫡不立庶的继承制度。禅让是古代帝王把帝位让与别人的一种制度。天下乃汉家之天下，非刘家为统治者便是篡夺，曹魏打着禅让的幌子欺世盗名。四是羁縻夷狄。所谓"羁縻"，即不采取剿杀、镇压手段，而采用牵制、笼络、安抚的办法。这是从民族主义的立场出发，认为由汉族人进行统治并能解决与少数民族关系才是正统。诸葛亮"七擒七纵孟获"便是典型范例。五是依据五行说。"五行"是以木、金、水、火、土五种物质为概念解释客观事物运动的学说，五行间相生、相克的两种作用，构架了五行学说的基本理论框架，用它来解释宇宙，就使人们意识到有一个客观规律在支配着。"始皇推终始五德之传，以为周得火德，秦代周德，从所不胜。"将五德之运、天命符瑞图谶、帝宅王里、先朝帝胤、神器玉玺等作为主要内容。至汉代，统治阶级把五行的概念明确加入了仁、义、礼、智、信的观念，作为用来解释社会现实的理论。习凿齿按照"五德终始说"认为，历史上舜为正统，而共工不见序于帝王，与上古的共工一样，秦朝国祚短暂并且失德，所以不能推为一代，"汉有继周之业"，故汉朝为正统。以成案为先例的因果关系证明，曹魏政权不能列入帝王序列，充其量只能算是一个占据数州的分裂割据势力。曹魏虽然费尽心力地演了一场"禅让"大戏，但也不能算是汉朝的继承者，直到司马昭率军击败蜀军，将刘禅带到洛阳，才真正实现了政权的更迭和交替。此外，习凿齿的正统观承继了杨戏在《季汉辅臣赞》中所表达的思想。杨戏在该赞中明确地指出蜀汉政权的正统地位是来源于"中汉"即"东汉"，并且在刘备的赞辞后附谥号"昭烈皇帝"。清人钱大昕说："……自承祚（陈寿）书出始正三国之名，且先蜀而后吴，又于杨戏传末载《季汉辅臣赞》，亹亹数百言，所以尊蜀殊于魏吴也；存'季汉'之名者，明乎蜀之实汉也。习凿齿作《汉晋春秋》，不过因真意而推阐之，而后之论史者辄右习而左陈，毋乃好为议论而未审乎时事之难易舆？"钱氏之言，说明陈寿在《杨戏传》中载《季汉辅臣赞》是明目张胆地宣扬蜀汉为正统，《三国志》以魏为正统只是表面上的，实际上保存"季汉"之名。诸葛亮死后，陈寿在《三国志·诸葛亮传》刘禅下诏策中说"将建殊功于季汉，参伊、周之巨勋"。这都表明陈寿是以蜀汉为正统的，从话语上褫夺了曹魏的正统地位。可见陈寿将《季汉辅臣赞》收入《三国志·杨戏传》中意味深长。这也使习凿齿提出以蜀汉为正统找到了历史渊源和血缘传承上的根据。

习凿齿的新正统论主要由两部分构成：一是《汉晋春秋》中阐述的观点；二是《晋宜越魏继汉，不应以魏后为三恪论》《临终上前论疏》和《别周鲁通诸葛论》三篇文章，这两部分内容相为呼应，互为补充，集中表达了"尊晋"的思想，论证了晋政权的合理合法性。其中《别周鲁通诸葛论》应是《习凿齿集》里的内容，被收录于《诸葛亮集》，其中心内容是说，周瑜和鲁肃在汉朝尚未灭亡的时候不报效辅佐朝廷，而是去帮助一个割据的分裂势力，这是政治上的不合格，是地地道道的小人，而诸葛亮辅助刘备是在为恢复汉室而奋斗，是忠臣义士，是崇本。二者的性质完全不同。

习凿齿的新正统论为后人所广泛引用，更得到后代史学家的充分肯定与继承。南朝刘义庆等在《世说新语》中称赞习凿齿"史才不常""品评卓逸"。唐代史学家刘知几认为，这是"定邪正之途，明顺逆之理"。南宋朱熹批评北宋司马光撰《资治通鉴》大量采用《汉晋春秋》的记事和评论却消极地承认曹魏的正统性，对习凿齿的正统体例给予了高度赞赏，并在编撰《资治通鉴纲目》中加以采纳，"以凿齿言为宗"，力主习氏之说。此后便出现了一批仿照《汉晋春秋》以蜀汉为正统来处理史事的著作。明朝榜眼张春说："（习凿齿）作《汉晋春秋》五十四卷，谓晋虽受魏禅而必以承汉为正，此乃千古纲常之大论也。"清《四库总目提要》则总结三国正统之争说："其书（《三国志》）以魏为正统，至习凿齿作《汉晋春秋》始立异议。自朱子以来，无不是凿齿而非寿。然以理而论，寿之谬万万无辞，以势而论，则凿齿帝汉顺而易，寿欲帝汉逆而难。盖凿齿时晋已南渡，其事有类乎蜀，为偏安者争正统，此乎于当代之论者也。"清代学者章学诚指出，从地理位置、皇室血统角度来讲，东汉、蜀汉之间的特殊关系恰好与西晋、东晋之间的关系极为相似。两汉同为刘氏政权，两晋同为司马氏政权；东汉和西晋都是统一的正统王朝，蜀汉偏安于西南一隅，而东晋割据于南方。这样的相似性可谓尽人皆知，因此承认了蜀汉的正统地位，也就自然实现了为东晋立正统的目的。所以，"越魏继汉"是视角独特的创新之论，是立足国家一统之论。习凿齿翻案定论之功是不可抹杀的。

第二，矫《三国志》曲笔之失，据事直书，传信后世，贻鉴将来。

秉笔直书是史学家的基本史德。习凿齿秉笔直书、务存实录的出发点，在于当时东晋王朝皇权衰微、臣强主弱，他要针对时弊据实记述、有感而发，以体现他渴望东晋王朝以正统之威重新振作起来而表现出的时代感和忧患意识。同时"取诚当时"，指责以桓温为首的一些觊觎中央政权的地方藩镇势力，企图通过著史以讥讽现实，鞭挞非望，构成威慑。为此，习凿齿针对当时所有以前史书中对后汉、三国、西晋中记述失载或不足之处，通过对所搜集的史料在甄别的基础上进行补充和裁正，如有关诸葛亮在襄阳寓居地、"七擒七纵孟获"、智取南中、多次北伐过程等的记载，有关官渡之战中袁绍、曹操阵营众多人物错综复杂关系和事件的记述，有关钟会阴怀异图与姜维结交、羊祜增修德信以怀吴人的故事等大量有价值的史实，弥补了《三国志》记载的不足，纠正了陈寿"厚彼薄此"的问题，从而起到述其异同和相互印证以及参照的作用。

《汉晋春秋》虽然全书贯穿着实录的精神，全面真实地记载了汉晋之际近三百年的历史，但作为晋朝臣子，习凿齿要做到完全客观公正并不容易，其中不可能没有一点为尊者讳、为亲者美的言辞，关键问题在于如何看待司马氏以及如何处理曹氏与司马氏之间的关系。习凿齿一方面通过人物事迹来显示司马氏代魏与曹氏篡汉的本质不同，盛赞司马懿、司马师、司马昭的德义言行，使人们得出司马氏"功高而人乐其成，业广而敌怀其德，武昭既敷，文算又洽，推比道也，天下其孰能当立哉"的结论。另一方面，实事求是地对司马氏集团成员所做的极不光彩的事情进行揭露与鞭挞，并披露具体的细节，使人们看出司马懿、司马昭等人的虚伪、阴险和奸诈。与那些只为司马氏歌功颂德、打掩护和开脱罪责而不敢揭露真相的史官相比，习凿齿表现出非凡的胆略和高超的智慧。当然，习凿齿在撰写信史时要受自身阶级局限性的束缚和打上该时代的烙印是难免的，也是可以理解的。

唐人刘知几对习凿齿秉笔直书的评价特别高，认为他是"直书"的典型。

第三，选材得当，语言犀利，评议有的放矢，切中要害，创治史新路。

《汉晋春秋》取材丰富多样，以编年为体，钩沉索隐，臧否人物，叙事论述条分缕析，准确精当，写法独特，足成"汉春秋"，具有很高的史料价值。在这部史书问世以前，治史者多以纪传体或编年体形式按人物的

生平事迹或年代的先后顺序来编撰，显得单一呆板，唯独习凿齿另辟蹊径，独创新路。他在叙述史实的过程中，不时地用"君子曰""习凿齿曰"的形式阐述观点、抒发感情，以其独特的视角进行高度的综合归纳和画龙点睛式的评点，使作者撰史的目的更加明确清晰。这样既将史实按年代先后顺序，又将历史事件的发展过程以及特点、事件的是非、取得的成绩、功过的评定等方面有机结合起来了，令人耳目一新。而由于以蜀汉纪年，即所谓三国鼎立不复存在，三国史自然就成了"汉春秋"。

该书从纷繁复杂的史实材料中按照代表性、典型性的原则选取材料，所述史实令人信服，不会产生歧义或不解，而对史实的评议，又能做到有的放矢，针对性强。语言犀利，铿锵有力，掷地有声，有咄咄逼人之势。此外，习凿齿还采用书信、奏表、灾异、逸事、志怪以及谶纬预言等多种材料作为论据进行补证，以使论据更加充分，论述更有说服力。

习凿齿的史学思想和做法不仅开启了中国史学史上的正统之争，而且深刻地影响了后世的史学创作，其史学观直到南宋才占据上风。

在古典历史演义小说《三国演义》里，习凿齿的影响达到了巅峰。《三国演义》是元末明初著名小说大家罗贯中的倾心力作，描写了从东汉末年到西晋初年之间近百年的历史风云，塑造了一群叱咤风云的英雄人物，上演了一幕幕气势恢宏的战争场面，历来是雅俗共赏的鸿篇巨制。正是遵循了习凿齿"晋越魏继汉"和"尊刘抑曹"的观点和基调，塑造了鞠躬尽瘁的诸葛亮忠君典型，描绘了欺世盗名的曹操奸雄形象，性格鲜明，深入人心，直接影响了三国故事在民间的流传，成就了蜀汉在三国文化中的主体地位，对中国史学和文化界产生了深远影响。

习凿齿肯定国家民族的统一，主张积极进取的人生态度，一直为世人所称颂。但他在治史上也有瑕疵，颇遭人诟病。

有学者分析指出，习凿齿把史学看作是政治学，认为史学的任务就是臧否历史，其功用就是提供鉴戒。而习凿齿进行史学研究的方法，一是用儒家的仁义批评历史，二是"原始要终"见微察著。

裴松之在为《三国志》作注时，一方面大量引用《汉晋春秋》的内容并予以肯定，另一方面也存有质疑。比如认为习凿齿记载的曹髦葬礼过简，是诽谤司马氏之言，与史实不符；又认为《汉晋春秋》和《襄阳耆旧记》有不少自相矛盾之处，怀疑习凿齿治史不审慎。

作为史学家，习凿齿确有治史不谨慎之处，但瑕不掩瑜。作为文学家，习凿齿才思敏捷，文采飞扬，令人钦佩。况且，习凿齿彰善瘅恶，钩沉了历史，丰富了诸多人物形象，足以傲立千秋。

第四节　方志典范

　　继《汉晋春秋》之后，习凿齿的又一力作《襄阳耆旧记》于赋闲襄阳期间完成。它是研究襄阳古代中国人文的重要历史文献，也是中国历史上最早的地方人物志之一，其中保存了许多正史不曾为之立传的人物资料，在经济史、政治史、社会史等方面均具有很高的史料价值。

　　《襄阳耆旧记》主要记述了襄阳的地理、名士先贤、风土物产、古迹传说。《文献通考》卷 198《经籍考》简介称："晁氏曰：'晋习凿齿撰，前载襄阳人物，中载其山川城邑，后载其牧守。'隋《经籍志》曰《耆旧记》，唐《艺文志》曰《耆旧传》。观其书，纪录丛脞，非传体也，名当从《经籍志》云。"

　　汉魏六朝出现了大量的如《襄阳耆旧记》一类的"郡国之书"即地方人物传，传录乡邦贤达，风流名士。不过，刘知几说："能传诸不朽，见美来裔者，盖无几焉。"《襄阳耆旧记》无疑是其中的佼佼者。

　　《襄阳耆旧记》是习凿齿罢官归乡，病居习家池时记述一地人文史地的著作，其内容不仅限于郡书，也包括家史、地理、都邑等方面，而所记山川、城邑与后面所记牧守部分内容都不能视之为耆旧，故以《记》名之更为准确。许多史籍在引用该书时，干脆直接称之为《襄阳记》，裴松之注《三国志》无不是以《襄阳记》称之。

由于习凿齿本身就是写史的良才，加之襄阳山川秀丽，经济文化发达，地方史料丰富，撰写地方史地志书的有利条件得天独厚，使得《襄阳耆旧记》在诸多早期方志类著作中脱颖而出，成为六朝时期江汉地区最为流行的一种体例，具备后世方志的雏形，为许多方志作者所倾慕。明代大学者雷思霈在为《公安县志》作序时就对此作了高度评价，认为襄阳方志资料丰富，是公安县所远不及的：

> （公安）无隆中、岘首、鹿门、楚望洞壑林泉之胜，以角其胸中之磊块，无司马、诸葛、崔、徐、羊、杜、皮、孟之流，以写其神韵，表其文采，而垂后世。

羡慕襄阳既有隆中、岘首、鹿门、楚望诸山优美的自然景观，又有司马徽、诸葛亮、崔州平、徐元直、羊祜、杜预、皮日休、孟浩然这么多的优秀历史人物。

习凿齿写作此书的本意只是想"矜其乡贤，美其邦族"，显扬襄阳特有的文化资源，滋长乡人志气，教育士族子弟，隐恶扬善，肃正民风。在当时的门阀制度下还可以帮助高标郡望，以自矜异。由于《襄阳耆旧记》闳廓深远，文辞明丽，品评卓越，其达到的效果远不只是"施于本国，颇得流行"，而是少有的能"置于地方"，博物多闻、流传千古、其辉弥煌的佳作。

《襄阳耆旧记》对人物传写的评判标准是激扬名教，尊奖士风节义，所记人物都较为简短，除了叙述其让人骄傲、值得称道的事功之外，更注重表现人物的道德品格与精神风貌，往往摘一二要事和典型言行以述评之，凸显其品行、道德风范，形象鲜明，个性突出，极富感染力，包含的信息量颇大，史料价值极高。

《襄阳耆旧记》宋元时期尚有完整本存世，明清时有多种刻本，惜未

能传世。今人武汉大学黄惠贤的《校补襄阳耆旧记》和湖北大学舒焚、张林川的《襄阳耆旧记校注》两个版本都做了大量考证工作。现辑录本前二卷"人物"部分共收录人物 41 条 50 人，襄阳士人情结颇重，其中仅习家人物就有 8 条 14 人，而所记羊祜、杜预、山简等人的史料几乎被《晋书》全文采用。第三卷"山川"部分 14 条中 3 条与习家池有关，两条有直接关系。第四卷"城邑"部分共 8 条，但其中 6 条并非城邑内容，很可能是因为内容散失加之清代襄阳人吴庆焘辑补不慎所致。第五卷"牧守"部分共 8 条，记载了胡烈、羊祜、山简、刘弘、皮初、桓宣、邓遐、朱序等九位名宦，以羊祜、山简写得最为鲜活，生动感人，也是《晋书》中的精彩之笔。其中的"羊祜"条：

羊祜，字叔子。武帝将有灭吴之志，以祜为都督荆州诸军事，率营兵出镇南夏。开设庠序，绥怀远近，甚得江汉之心；与吴人开布大信。及卒，南州人征市日，闻祜丧，莫不号恸，罢市，巷哭者声相接。吴守边将士亦为之泣。其仁德所感如此。

祜乐山水，每风景，必造岘山，置酒谈咏，终日不倦。尝慨然叹息，顾谓从事邹湛等曰："自有宇宙，便有此山。由来贤达胜士，登此远望，如我与卿者多矣！皆湮灭无闻，使人悲伤。如百岁后有知，魂魄犹应登此山也。"湛曰："公德冠四海，道嗣前哲，令闻令望，必与此山俱传。至若湛辈，乃当如公言耳。"

祜卒后，襄阳百姓于祜平生游憩之所建碑立庙，岁时飨祭焉。望其碑者，莫不流涕，杜预因名为"堕泪碑"。文，蜀人李安所撰。

安，一名兴。初为荆州诸葛亮宅碣，其文善。及羊公卒，碑文工，时人始服其才也。

全文共 269 字，属其中记人叙事长文之一。第一段写羊祜出镇襄阳，治理有方，深得江汉地区民心，与敌国吴人开布大信，死后襄阳市民痛哭罢市，连吴国的守边将士都为之哭泣。一个胸怀雄韬大略，勤政爱民，为民所拥戴的好官形象跃然纸上，与司马迁《李将军列传》之状写李广的叙事风格颇有几分神似。第二段写羊祜热爱大自然，珍惜生命，叹宇宙无限，悲人生短促，建功立业不易，非常契合国人的精神情愫和心路历程，能产生强烈的共鸣，读之倍感真实亲切，极富情感。苏东坡《赤壁赋》所描写的意境与之完全相同，再次证明习凿齿的作品为苏轼所喜爱。接着，写襄阳百姓自发为羊祜立碑纪念，望者莫不流泪，杜预名为堕泪碑，生动表达了羊祜流芳百世的不争事实。最后，介绍了撰碑文之人，说他当初还为诸葛亮写过碑文。即使在这可有可无的一段文字中，也无意间透露出一个信息：诸葛亮死后七十余年，襄阳就有了纪念他的建筑。

《襄阳耆旧记》惜墨如金，文多短小精悍。如"黄承彦"条称：

黄承彦者，高爽开列，为沔南名士。谓诸葛孔明曰："闻君择妇，身有丑女，黄头黑色，而才堪配。"孔明许，即载送之。时人以为笑乐，乡里为之谚曰："莫作孔明择妇，正得阿承丑女。"

寥寥数语，就将千百年来为人们所津津乐道的黄承彦与诸葛亮成为翁婿的故事交代得一清二楚。前三句十三个字，形象地介绍了主人翁的基本情况、性格特征和社会地位。接着描述了黄承彦将有才的丑女嫁给诸葛亮的过程，简洁明了，字字珠玑。最后写这一美好姻缘成为当地的谈资，妙趣横生。通过一个看似漫不经心的小故事，将当时寄人篱下的诸葛亮成为黄家女婿的来龙去脉表述得明明白白，故事性极强，让人折服。若按图索骥，还不难发现，诸葛亮轻易得到了一位贤内助，并从此成了襄阳黄家、蔡家、荆州牧刘表等大族高官的重要亲戚。这也为研究诸葛亮的成才之路

提供了重要的参考资料。

"蔡瑁"条称：

> 蔡瑁，字德珪，襄阳人。性豪自喜，少为魏武所亲。刘琮之败，武帝造其家，入瑁私室，见其妻子，谓曰："德珪，故忆往昔共见梁孟星，孟星不见人时否？闻今在此，那得面目见卿邪！"是时，瑁家在蔡洲上，屋宇甚好，四墙皆以青石结角，婢妾数百人，别业四五十处。
>
> 汉末，诸蔡最盛，蔡讽姊适太尉张温，长女为黄承彦妻，小女为刘景升后妇，瑁之姊也。瓒，字茂珪，为鄢相；琰，字文珪，为巴郡太守，瑁同堂也。永嘉末，其家犹富，宗族甚强，共保于洲上，为草贼王如所杀，一宗都尽。

文字简练，描述了蔡瑁与曹操的亲密关系、个性风格、蔡瑁的居地、产业、社会关系、家族势力及其覆亡等情况尽在其中，还透露出蔡瑁曾在朝中任职，和曹操是好朋友，以及鄢县汉末时为王国、西晋末年南阳王如的流民起义对江汉地区的劫掠与破坏等史实。这是研究两汉至六朝襄阳经济社会不可替代的重要资料。

《襄阳耆旧记》作为一个乡土文献，罕见地在史书及注释中被大量地当史料和名评征引，成为《晋书》等史籍中的精彩之笔，足见习凿齿学识功底之渊深与品评之卓越。其家乡襄阳从该书的受益更是远非"矜其乡贤，美其邦族……传诸不朽，见美来裔者"那么简单，其所述的襄阳人物地理，一直是襄阳历史文化的重要内容，隆中、岘山、习家池、鹿门山、襄阳城、北津戍都成为襄阳历史文化名城的主要标志和闻名中外的历史文化景区，惠及子孙万代。该书在襄阳历史文化记载与传播上功不可没，也为后人研究湖北地方历史、襄阳地方风貌乃至经济社会提供了不可多得的宝贵史料。

习凿齿的一生，几乎历经了整个东晋时期的风起云涌。而作为古代一位杰出的鸿儒才俊，作为史学大家，其在中国历史上的地位和重要性，不在于他曾得到桓温和苻坚的赏识，也不在于他历任过什么品级的官职，而在于他对中国史学和文化领域的巨大贡献，以及刚正不阿的精神品质。习凿齿著作的内容、写作的体裁虽非独创，而他却以高远旷达的旨趣意境、理融旨远的深刻内涵、韵味深长的洗练语言、丰富多彩的历史典故卓然而立。他的"晋越魏继汉"论，雄辩博引、珠玑生辉，堪称中国历史上政论文的经典。更为可贵的是，无论是辞官还乡，还是避乱归隐，他依然著书立说、兴学重教，心怀朝野时局，关心国家兴亡，旗帜鲜明地传达了反对分裂、反对割据、坚持统一、忧国忧民的政治观念，传承了坚持独立自主、自强不息的伟大民族精神。因此，即使在今天来看，他仍然是中国古代知识分子"身居草莽，心系天下"的典型。

第五节　传经弘法

　　佛教在中国经历了三百多年的艰难传播之后，于东晋时迎来了适合其大发展的环境和条件。

　　魏晋名为禅让实为篡夺的特殊政权性质，西晋末年以来的战乱对国家民族的肆意蹂躏，学术界的玄学尤其是其中的"有无"学说的流行，上层社会毫无节制的奢靡放纵，避乱江南僧人的日益增多以及他们的不懈努力等复杂的社会原因，使统治阶级迫切需要佛教来帮助巩固政权，以"拯溺俗于沉流，拔幽根于重劫。远通三乘之津，广开天人之路。……协契皇极，在宥生民，是故内乖天属之重而不违其孝，外阙奉主之恭而不失其敬"（《沙门不敬王者论》，慧远大师的佛教哲学论文），助王化于治道。"当民生涂炭，天下扰乱，佛法诚对治之良药，安心之良术，佛教始盛于汉末，迫亦因此欤？"（汤用彤《汉魏两晋南北朝佛教史》）

　　佛教在东晋首先得到了皇帝的提倡和皇室的支持，朝野上下逐渐弥漫开了一股崇佛的风气，在官场和知识分子中成为时尚，一部分人尤其对大乘佛教中空宗的思辨理论产生了浓厚的兴趣，其或还亲自撰写佛教著述。其次，民间的佛教信仰更为兴盛，晋明帝在建业一地就曾度僧千人，佛教逐渐改变了水土不服甚至装神弄鬼的被动传教局面，开始出现了僧尼团众和大量的寺院。

南朝梁慧皎《高僧传》载，释道安（312—385），本姓卫，常山抚柳（今河北省境内）人。幼丧父母，"年七岁读书"，具"再览能诵"的天赋而让时人惊异。他"外涉群书，善为文章"，"至年十二出家"。20 岁受"具足戒"（僧侣的最高戒律），24 岁入后赵邺都（邺城，今河南安阳一带）拜天竺高僧佛图澄为师，能轻松、准确、通俗地解答老师课堂中的疑难问题，"挫锐解纷，行有余力"。佛图澄曾称赞道安的远见卓识非常人可比，时人叹曰："漆道人，惊四邻。"因他长得丑陋，被人称为"漆道人"。

佛图澄圆寂后，道安多方游学，备求经律，值后赵石氏灭亡，关中战乱纷越，他躲到偏远的濩泽（今山西阳城），受业于相继到来的高僧竺法济、支昙讲等，苦研佛典。后辗转雁门飞龙山（今山西浑源西南）、太行恒山等地，45 岁时重回邺都受都寺弘法，徒众数百。后又"于陆浑山木食修学，为慕容俊所逼"，耕樵而食，避乱修学。兴宁二年（364 年），燕人"拔许昌、汝南、陈郡"，继而攻打洛阳，东晋守将一再败退，致道安僧团几度生计无着。十余年颠沛流离，历尽艰辛，阅尽人间疾苦，一直没有遇到一个好的弘法环境。

兴宁三年（365 年）夏，正当道安感到"山重水复疑无路"之时，突然收到了一封热情洋溢的长信。这是习凿齿的又一篇书信佳作。南朝梁僧佑《弘明集》卷 12《与释道安书》：

兴宁三年四月五日，凿齿稽首和南：

承应真履正，明白内融，慈训兼照，道俗齐荫。宗虚者，悟无常之旨；存有者，达外身之权。清风藻于中夏，鸾响厉乎八冥。玄味远猷，何荣如之。

弟子闻，天不终朝而雨六合者，弥天之云也；弘渊源以润八极者，四大之流也。彼直无为，降而万物赖其泽；此本无心，行而高下蒙其润。况衰世降步，愍时而生，资始系于度物明道，存

乎练俗。乘不疾之舆，以涉无远之道，命外身之驾，以应十方之求，而可得玉润于一山，冰结于一谷。望阆风而不回仪，揩此世而不诲度者哉！

且夫，自大教东流，四百余年矣。虽藩王居士，时有奉者，而真丹宿训，先行上世。道运时迁，俗未金悟，藻悦涛波，下士而已。唯肃祖明皇帝实天降德，始钦斯道，手画如来之容，口味三昧之旨，戒行峻于岩隐，玄祖畅乎无生。大块既唱，万窍怒唠。贤哲君子，靡不归宗。日月虽远，光景弥晖，道业之隆，莫盛于今。岂所谓月光道寂，将生真土；灵钵东迁，忽验于兹乎？

又闻，三千得道，俱见南阳，明学开士，陶演真言，上考圣达之诲，下测道行之验，深经普往，非斯而谁？怀道迈训，舍兹孰降？是以此方诸僧，咸有倾想，目欣金色之瑞，耳迟无上之箴。老幼等愿，道俗同怀，系咏之情，非常言也。若庆云东徂，摩尼回曜，一蹑七宝之座，暂视明哲之灯，雨甘露于丰草，植栴檀于江湄，则如来之教，复崇于今日，玄波逸响，重荡濯于一代矣。

不胜延豫，裁书致心意之蕴积，曷云能畅。

弟子襄阳习凿齿稽首和南。

信的开头和结尾，习凿齿都是执佛家弟子之礼，表明自己已经是佛门中人，更表达了他对释道安一行僧众的真诚问候和对佛学的尊崇。习凿齿赞扬佛法有如父母的教诲，出家与俗家的芸芸众生都能受到它的启迪与庇佑。崇奉虚无的人，可以从中领悟人类生灭变化不定的意义；信仰"有"的人，可以由此进入置身于世外的高尚境界。他称赞道安是位影响巨大、四海知名的佛学大师，其博大精深的旨趣和远大谋略，远非凡俗之人所能知晓。

信的中段，习凿齿将佛教抬到极高的位置，扼要诠释了深奥的佛教学理，同时也反映了他对魏晋玄学中如向秀、郭象等的"有"，王弼、张湛、嵇康、阮籍之流"无"的学说之真谛有深切独到的感悟和研究。

接着，习凿齿称扬了佛教理论宏大，将对世人起到巨大的教化作用，同时将道安宏博的佛教学识、思想修为和道德情操比喻为弥天之云，四大（海）之流，崇敬之情，溢于言表。指出佛法的出现本身虽然无意有什么作为，但天下万物都蒙受其无限恩泽；佛法的传播虽然并非有什么目的性，结果却像雨露一样泽被普天下的苍生。

接下来，习凿齿继续对此前佛教在国内的传播收效甚微甚或停滞不前深表遗憾，对肃祖明帝（司马绍）倡兴佛教给予了高度赞扬，向释道安介绍眼下的东晋正是弘扬佛法的大好时机，推广佛教的形势从来没有像现在这么好，佛教在东晋的传播将掀起一个高潮，发展前景辉煌远大。

最后，习凿齿对道安僧团的学识与修行给予了很高评价，称他们都是得道高僧，表达了自己和襄阳的道俗老幼都希望道安到襄阳来传播佛教的热切愿望。

那么，习凿齿为何要以个人名义给释道安发"邀请函"呢？当局迫切需要佛法来帮助其巩固政权，教化民众，襄阳官方发函岂不更加郑重其事、名正言顺？在习凿齿看来，与其坐等观望，还不如以一己之力先行动起来，这是为社稷、为苍生着想的大义之举，何乐而不为？况且，自己崇信佛教，通佛理、玄学，以自己的学识和真诚，相信一定能够打动道安法师的。所以，习凿齿大胆致书相邀。

道安看了这封书函，惊奇地发现，习凿齿是一位对佛教传播很有研究的名士。

第一，习凿齿认为弘扬佛法要有一个很好的政治生活环境。北方屡遭侵略，走马灯似地移将换帅，战车鸾铃的响声不断地祸害着佛理的传播，在这种处境中，怎么能使佛理荣盛起来呢？道安觉得习凿齿说到了自己的心坎上。

第二，习凿齿提出佛教仪轨与世俗不要有太大的差别，指斥这个世道

而不要对国家的法度进行训诲。道安把这个要求看作是东晋朝廷对佛教传播的要求，这也正是自己从指导思想上和管理体制上要解决的问题。

第三，习凿齿认为，佛教应该与具有中国传统文化的社会相适应。道教先于佛教在东土传播，人们的信仰习俗已经形成，即使道之运行有变迁，也要考虑佛道两教之融合，使人们便于接受。道安认为，习凿齿的这个问题提得十分尖锐，如果生搬硬套，天竺佛教很难被中土之人接受，必须"洋为中用"，把天竺佛理与中土儒道理论结合起来。

第四，习凿齿盛情邀请，并说襄阳僧人倾慕，庶民盼望。对佛教的传播和影响抱着十分乐观的态度，认为必将深久荡涤一代人的心灵。

道安看了这封书函，喜出望外，心情久久不能平静，如同黑暗中见到了曙光，孤独中遇到了知音，顿觉"柳暗花明又一村"。他说，我喜欢这种热爱超然的学问，又精通实际事务的人，既蒙盛情相邀，我决意南下襄阳，期待早一天与习凿齿共研佛理，同报佛恩。

道安一行到达襄阳城外十里长亭，习凿齿即前往迎接。《高僧传·释道安传》记载了二人初次见面时的情景：

> 时襄阳习凿齿锋辩天逸，笼罩当时。其先闻安高名，早已致书通好。及闻安至止，即往修造。既坐，称言："四海习凿齿。"安曰："弥天释道安。"……

实际上，习凿齿用的是自己先前写给道安的邀请函中"渊源以润八极者，四大（海）之流也"的"四大（海）"，过目不忘的道安，一听习凿齿语带机锋——来自五湖四海的豪放豁达的习凿齿，于是机敏地借用了习凿齿信中所用到的"天不终朝而雨六合者，弥天之云也"的"弥天"，意谓漫天彻地的志存高远的释道安。二人故摘信中之语相戏，时人以为佳对，遂成千古名对。两位大师一见如故，场面如此轻松活泼，又不失学者间的儒

论道——习凿齿与释道安

雅风趣，反映出他们神交已久，已是知音。从此成为莫逆之交，义同金兰。

不过，《晋书》里的记载与上述对句顺序相反："时有桑门释道安，俊辩有高才，自北至荆州，与凿齿初相见。道安曰：'弥天释道安。'凿齿曰：'四海习凿齿。'时人以为佳对。"但不管谁出句谁对句，对习凿齿"锋辩天逸，笼罩当时"和释道安"俊辩有高才"的赞语，都恰切地道出了这对俗僧朋友的潇洒才情，说明二人文思敏捷，诙谐幽默。

习凿齿与释道安相见酬对的佳话，不意被后世某好事的无耻之徒篡改，恶意编造成一个无聊的低俗故事，称双方都器量狭小，意气用事，鄙言嘲谑，诋讦相戏，在众人面前大失体统。这个与他俩的年龄、学识、修为完全不符，经不起推敲的故事却谬种流传，具体内容不说也罢，愿见者鉴之。

　　习凿齿原本为道安安排好了住处和讲经道场，但没想到道安并非轻装简从，而是带着400多名不离不弃的弟子，习凿齿预备的衣食奉养相形见绌了，襄阳地方上一下子也措手不及。虽说暖衣饱饭并不是道安及其弟子的目标追求，但缺衣少食还是让力邀他们前来襄阳的习凿齿过意不去。

　　于是，习凿齿竭尽地主之谊，对道安僧团的日常起居生活悉心安排，"多方翼护"，并从政治、经济、文化等方面为释道安研究佛学和弘法创造条件，提供力所能及的帮助，同时利用他的各种社会关系和影响，向四面八方推介道安的人品学识及其僧团与佛法传播。

　　道安来到襄阳后，习凿齿从习家池宅第中拨出部分私宅，暂作道安僧众寄住和弘法场所，随后倾囊相助，捐资给道安僧团在后山上新建了首座寺院，这就是被道安循例而称的襄阳白马寺（源于洛阳白马寺）。寺院与园林融为一体，成为六朝时期佛教寺院建筑竞相模仿的对象。

　　为了取得朝廷的支持，习凿齿给吏部尚书谢安写了一封推荐信。《高僧传》卷5《与谢安论释道安书》：

　　　　来此见释道安，故是远胜非常道士，师徒数百，斋讲不倦。无变化伎术可以惑常人之耳目，无重戚大势可以整群小之参差，而师徒肃肃，自相尊敬，洋洋济济，乃是吾由来所未见。

　　　　其人理怀简衷，多所博涉；内外群书，略皆遍睹；阴阳算数，亦皆能通；佛经妙义，故所游刃。作义乃似法兰、法道，统以大无，不肯稍齐物等，智在方中驰骋也。恨不使足下见之，其亦每言，思得一见足下。

　　这又是一封书信佳作。习凿齿委婉地说，我终于见到了释道安！他真的是一位名不虚传的高明僧人，师徒数百人，一起孜孜不倦地讲经。他不行神通以迷惑仆从的耳目心智，他也不施恩威以整治宵小的良莠不齐，但是师徒之间严肃紧张，团结活泼，是我以前从来不曾见过的。至于道安本人，他坚守着最质朴的道理，他尊重最基本的常识，他涉猎广泛，内外的经典和群书，已基本遍览，阴阳术数之学，也全部精通，解释佛经的妙义，则更是游刃有余，在义解方面，可比拟于法兰、于法道等高僧。主张空无，反对道家"齐物"的宇宙观。其人聪明绝顶，才华横溢，游刃驰骋于空无的佛理之中。您不能与我一起见到他，真是太遗憾了！不过，道安听我描绘了您的学识和风采后，也常说想与您见面长叙！

信中只字未提道安在襄阳的窘迫境况，但习凿齿深知，谢安虽系门阀，却是真正的风流名士，出仕前交游广阔，对于穷苦出身的一时俊秀虽名满天下却无米下锅的状况是很清楚的。

习凿齿这封推荐函传到东晋朝廷以后，上层人士莫不倾慕道安，"四方学士，竞往师之"（《高僧传》）。数年后，晋孝武帝司马曜听闻了道安的风采并钦佩他的德行，派遣使者专程到襄阳问候，并且下诏称道安法师"器识伦通，风韵标朗，居道训俗，微绩兼著"，不仅能"规济当今"，而且能"陶津来世"。决定"俸给一同王公，物出所在"。大意是说，道安法师见识晓畅，韵致独特，坚守真理，解惑众俗，绩效显著，已经不止于匡正和教化当今的时代，也一定会引导未来的世界。他的俸禄应当与王公相同，由其居住地予以给付。这在中国佛教史上是罕见的。

道安僧团在襄阳一住就是15年。这是释道安一生中生活最为安定逸裕的时期，也是他弘法事业最为辉煌的时期。他在习凿齿有求必应的鼎力相助下，解决了佛学上的一些根本性问题，成就了一番名垂千古的大事业，为弘扬佛法作出了多方面的重大贡献，因此成为佛教中国化的第一人。

第一，道安接受习凿齿在那封书函中提出的观点，首倡"依国主，立佛法"，主张佛教的活动要与政权建设相协调，取得了官方和民间的支持。这一观点，实际上强化了佛教的接受国家政权管理的政府性和适应社会环

境的社会性。道安在南下襄阳途中就提出了"今遭凶年，不依国主则法事难立。又教化之体，宜令广布"的传教路线。在习凿齿的热情推介下，释道安交接王侯，"常乘赤驴往来荆襄间，一日而遍"，传教很快取得了东晋朝廷和地方政府以及民间豪强的大力支持，互动十分协调，甚至前秦皇帝都对释道安表示敬仰，遣使送来金箔倚像。佞佛的重臣都鉴对道安仰慕有加，"饷米千斛，修书累纸，意寄殷勤"。征西将军桓朗子请道安法师到江陵暂住，出镇襄阳的朱序即刻将他请回，并倾心与之深相结纳，称誉道安犹如普度众生到佛教王国的渡口和桥梁，是一座澄化社会风气，改善社会治安的大熔炉。富豪张殷捐出了其在襄阳城西檀溪的私家大宅，改建为檀溪寺。与初来襄阳兴建白马寺时的境遇大不相同的是，在修建檀溪寺的过程中，"大富长者，并加赞助"，远隔万里的凉州刺史杨弘忠特意送来了万斤铜，供檀溪寺修造一座承露盘。由于承露盘已由扬州的竺法汰捐助修造完毕，道安在征得杨弘忠同意后将其改铸为铜像。

第二，大兴土木建寺塔，宣讲佛经，开宗立派。道安僧团的到来，佛教在襄阳得到迅速传播。为满足僧侣居住和传教需求的不断增大，释道安与习凿齿并肩携手扩展寺院规模，先后兴建寺院十五座。在习家池周边，除白马寺外，知名的有谷隐寺、甘泉寺、景空寺、檀溪寺等，其中以檀溪寺的规模最为宏大，建塔五层，起房四百，建制前所未有，极一时之盛。寺成当日，香客近万人，道安开始每年两次例行的《放光般若经》的讲解，讲完退到庙堂之后，他感慨地对弟子们说，我就是今晚死去，也无憾了！

道安在每年两次例行的讲授般若经典过程中，坚持结合自己的研究，以儒道释佛，解读般若学的根本原理——空无。道安在著述般若中以《老》《庄》《易》（玄学家称三玄）的理论解释佛教义理，使印度佛教的般若学深深地打上了中国道教的烙印，这样也很自然地使般若思想与玄学思想会通，使印度佛教与中国文化形成合流。道安著述的《性空论》中，一个重要的思想就是以"无"释"空"，他主张"无在元化之前，空为众形之始，故为本无"，"佛经所谓本无者，非谓众缘和合者，皆空也"。于是，佛教学派般若学的"本无宗"就此诞生，继而出现了中国般若学的"六家七宗"。除道安的"本无宗"外，还有支道林的"即色宗"，于法开的"识含宗"，道一的"幻化宗"，支愍度的"心无宗"，于道邃的"缘会宗"，共六家。而"本无宗"中又分出了一派，即竺法琛的"本无异宗"，

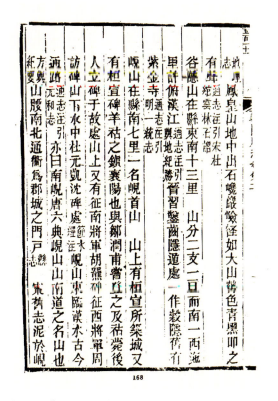

清光绪《襄阳府志》"谷隐山、岘山"条（局部）

这就是所谓的"六家七宗"，道安的"本无宗"为首。如果按其基本观点来分，又可分为本无派、心无派、即色派三派，"本无宗"是最大的一派。"六家七宗"的兴起，标志着中国式的般若思潮席卷大江南北，标志着在理论上已经使印度佛教中国化了，标志着具有中华民族特色的佛学正式形成。

第三，为僧徒定姓氏，在组织上建立了以释道安为核心的释姓汉僧网络。魏晋之前，外僧随国姓，汉僧皆依师姓或从俗姓，中外僧人师承体系、传道风格、对佛经的理解五花八门，往往由争辩进而变成争斗，不成体统，形成混乱局面，体现不了四海一家的真精神。道安认为"大师之本，莫遵释迦"，主张僧侣以"释"（释迦牟尼）为姓，是为首创。以此为标志，中国佛教徒摆脱了依草附木的地位，建立起打破门派、地域、国家

的统一教团。

第四，制定佛教仪轨。道安针对当时出家人激增而出现的良莠不齐、真伪混杂以及管理混乱等现象，制定切实可行的《僧尼轨范》和《佛法宪章》等一整套行为规范和戒律，对僧侣进行约束，不仅将一个乱世中的僧团管理得"师徒肃穆，自相尊敬，和和济济"，而且为全国佛教界所采纳遵从，"天下寺舍，遂则而从之"（《高僧传》）。对中国佛教僧团的制度建设、独立僧侣阶层的形成，以及佛教的持续发展，具有历史性的意义。

第五，搜集众经，编著《经录》。道安总结了汉代以来流行的佛教学说，注解了《般若道行》《密迹》《安般》等经书，整理了新译旧译的经典，编纂了我国佛教史上最早的、成体系的佛经目录——《综理众经目录》，后人称为《道安录》。开创了佛经目录学的先河，极大地方便了诵读者和研究者。一时间，四方信众学子，竞相前往襄阳向道安求学问佛。

第六，翻译佛经，反对教条格义。道安不懂梵文，他通过对之前不同的译本进行深入的比对研究，凭着深厚的汉学功底和卓绝的参透领悟能力，找到了一条用玄学等国人习惯的汉学方式来解读佛经的译经路子。道安用中国汉语句式，用浅显文句对已翻译的佛经作注解，并纠正了以前的谬误，使许多滞碍不通的经文、疑难隐晦的义理变得明朗化，易于理解和诵读。他是中国历史上第一个采用意译准确译出佛经的人。

第七，首倡净土信仰，在信仰上创立了一种新的模式。佛教中国化，既要考虑阐扬佛教经典教义的上层精英佛教，又要考虑以念经拜佛为主代表民间大众的佛教。这两个层次的佛教并存，并且相互影响，成为佛教中国化的一大特点。道安倡导了一种中国特色的信仰方式——称名念佛式的净土信仰，先后两次遣弟子赴全国各地弘法，对佛教的传播和发展起到了巨大的推动作用。

前秦王苻坚带兵攻陷襄阳之后，将习凿齿和释道安二人一齐接往长安，如获至宝，给以隆重的礼遇，希望二人为其服务。因为苻坚也是一个对佛教很虔诚的信徒。结果习凿齿因足疾被放归襄阳，而释道安则身入长安心在佛，虽然成为苻坚的国师并住持五重寺，僧众数千人，但在长安的6年中，道安做得最多的事情还是弘法活动和组织大规模译经，都是襄阳弘法活动的继续。金李俊民《襄阳咏史·谷隐山》赞誉二人：

> 斧斤留心汉晋间，岂期谷隐避名难。
> 一人有半随秦去，不得相离释道安。

　　释道安到襄阳，是习凿齿所邀；释道安被孝武帝诏褒，是习凿齿所荐；释道安以儒道释佛，为中国佛教奠基，是与习凿齿共商；释道安作为人才被前秦苻坚所掠获，是与习凿齿同行。释道安从落魄法师成为著名的佛学家、翻译家，是习凿齿相助了一臂之力。15年间，习凿齿和释道安往来不断，如影随形，相磋佛经妙义，甚为投机，二人对佛教义理皆有深研。尤其在传经弘法上，二人做到了珠联璧合，相辅相成，共同为印度佛教中国化发挥了极大的助推作用。习凿齿根深的儒学、玄学功底对道安的佛学修为大有裨益；道安的佛学对从官场失意返乡的习凿齿的帮助也是显而易见。设想一下，如果没有习凿齿竭诚尽力的支持与协助，释道安纵然满腹经纶也难有用武之地；如果没有释道安孜孜不倦的勤奋与努力，习凿齿纵然一腔孤勇也难成大气候。作为著名史学家、文学家的习凿齿与被称为"东方圣人"的佛教领袖释道安互为良师益友、交往共进的经历，在中国佛教文化史上传为佳话，也为习家池乃至襄阳谱写了永载史册的华彩篇章。

　　在习凿齿病逝三个月之后，释道安大师于长安五重寺收到远方挚友的死讯，肝肠寸断，圆寂离世，与习凿齿相会于妙胜的兜率天。

习池秋色

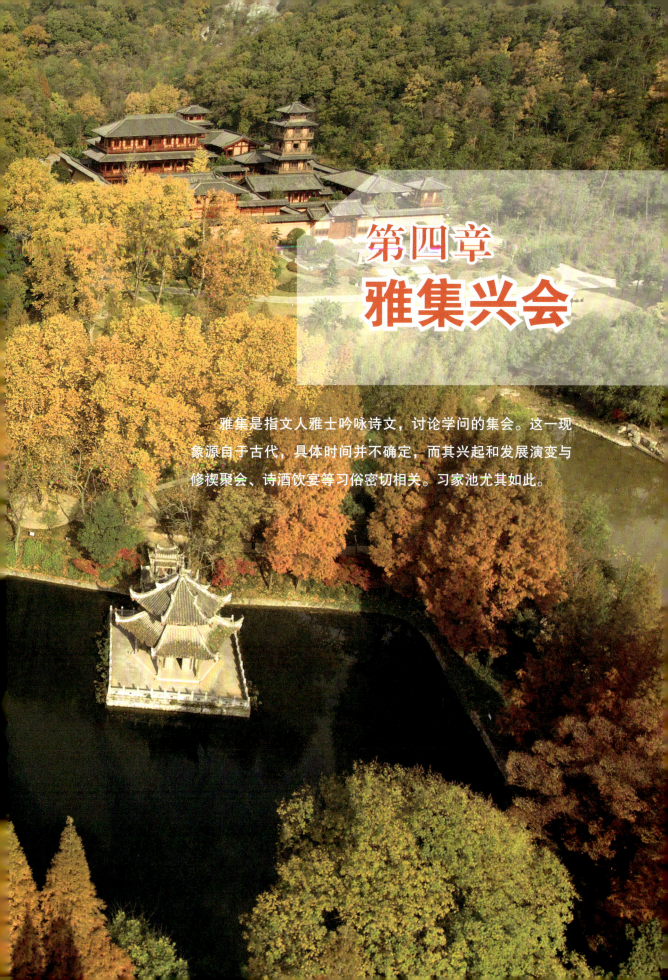

第四章
雅集兴会

雅集是指文人雅士吟咏诗文，讨论学问的集会。这一现象源自于古代，具体时间并不确定，而其兴起和发展演变与修禊聚会、诗酒饮宴等习俗密切相关。习家池尤其如此。

第一节　修禊聚会

修禊，是传统文化中的精粹，是古代的基本祭祀之一，缘起于阴阳八卦中的十二建神，禊事多在春、秋的"除日"于水边举行，一是气候温良，二是春种、秋收之际，三是取涤旧荡新之义，此时此地祈求具有实际意义。

从西周至秦，修禊由纯祭祀活动逐步演变为一种濯除不洁、祈福禳灾的节日。两汉时代，修禊的形式发生了变化，其神秘繁复的色彩减少很多，祭祀只是象征性的，在水曲隈处喝酒吟诗成主要内容，成为一种官民同乐的高雅有趣的节日活动。《后汉书·礼仪志》："是月（三月）上巳，官民皆洁于东流水上，曰洗濯祓除，去宿垢，为大洁。"三国、魏以后，修禊民俗固定为农历三月初三到水边嬉戏，以祓除不祥。而到了宋代，其内容已经是根据喜好随意增减了。文人雅士多游春踏青，赏览春光，临河赋诗歌咏。

史上最著名的一次修禊集会是东晋永和九年（353 年），王羲之父子、谢安、孙绰等共 41 位贤士名流齐聚山阴（今绍兴）兰亭，众人分列两岸，参差坐于茂林修竹中，将装饰着羽毛的酒杯放在溪水之中，酒杯漂流到谁面前，谁便饮酒并赋诗一首，不能及时完成的，罚酒三斗。王羲之作《兰亭集序》，绘景抒情，评史述志，成就天下第一行书。但影响巨大波及全国的修禊活动是清康乾年间扬州瘦西湖畔的三次"红桥修禊"，主持者皆

为名士，参加者近万人，规模空前，成为中国诗歌史上的盛举。其方式是在洗濯后，列坐水畔野餐，随水流羽杯，举觞饮酒，吟诗作词。

襄阳是一个有修禊传统的地方，而习家池以幽美的庭园环境，清泉潺潺、茂林修竹，成为本地历史上修禊活动场所的不二之选。

习家池修禊习俗极可能源于东汉。自上巳日变为三月三以后，襄阳就很重视这个节日了，后来增加的三月三踏青、临水宴客的习俗也因此流传了下来。《湖广通志·襄阳府》载："县东十里，有白马泉，晋习凿齿居焉，因名习家池。"宋祝穆撰《方舆胜览·襄阳府》载："每年三月三日，刺史禊饮于此。"六朝时的《荆楚岁时记》云："三月三日，四民并出水滨，为流杯曲水之饮，取黍曲菜汁和蜜为饵，以厌时气。"但是，隋唐以前，并没有具体翔实的关于习家池乃至襄阳修禊活动的文字记录。

从《全唐诗》等典籍中窥知，唐宪宗元和七年（812 年），礼部尚书、襄州大都督李夷简在三月三当天举行宴会，与民同乐。中唐著名诗人刘言史在襄阳期间与李夷简唱和的两首诗披露了当时修禊宴饮的情节。

一首是《上巳日陪襄阳李尚书宴光风亭》：

碧池萍嫩柳垂波，绮席丝镛舞翠娥。
为报会稽亭上客，永和应不胜元和。

诗中把李夷简的上巳日光风亭宴集与王羲之的兰亭宴集相比，并说晋穆帝永和年间的那次兰亭集会比不上唐宪宗元和年间李尚书的这次光风亭集会。

另一首是《奉酬》：

闰余春早景沉沉，禊饮风亭恣赏心。
红袖青娥留永夕，汉阴宁肯羡山阴。

　　诗的最后一句，依然是以王羲之兰亭盛会与李夷简的光风亭宴集相提并论。由此可见这次禊饮光风亭之盛。从这两首诗中，我们了解到中唐时期襄阳有个光风亭，而且是当时襄阳达官显贵、文人墨客宴饮歌舞之场所。有此记载之后，在晚唐诗人段成式、温庭筠、韦蟾三人的诗中均有光风亭的断句。然而，光风亭在襄阳什么地方，建于何年何月，尚有待考证。不过，后来襄阳文人雅士三月三多在习家池流觞曲水，进行修禊活动。

　　记载比较详尽的一次习家池修禊集会是清代道光年间。襄阳知府周凯"初官襄阳，修禊习池，提倡风雅。"偕大令蒋祖暄、茂才严元口、唐其杰、王乃斌及女婿朱元燮游历习家池，煮茶品茗，谈笑赋诗。著有《襄阳诗集》，写下了《游习家池诗序》。序文中周凯以守土者自居，以为"大废者举之，守土者之责，举之而利于民，尤守土者所宜急也。"习池荒芜，

禊饮堂

不可不急举，于是乎，实地调研兼现场办公、宣传报道。调研者，考证习池沧桑之变；办公者，县令承命而浚池复馆；宣传者，为诗文以记之。

道光五年（1825 年），习家池改扩建及灌溉工程完成后，应官民要求，周凯亲自主持了一次庆祝落成暨修禊活动。据《周凯高阳池修禊诗序》，当天，习家池松篁交翠，桃柳夹岸，泉涌石洑，潆洄邅回，周凯召集襄阳府（含今丹江口市的均州）的 70 多位嘉宾、耆旧、士人、幕僚列坐池滨。曲水流觞，鸟语花香，大家各赋诗一首。可惜这些诗作未能留存下来。不过，从周凯其他诗中我们约略可见当时的情景和盛况。

周凯主持的这次修禊集会活动，是襄阳历史上有记载的最大规模的修禊盛事，被传为美谈，对后世的禊事活动产生了深远的影响。此后，习家池畔的禊饮活动，成为频繁发生、常态举行的一种集会，习家池甚至被官方指定为修禊地点。习家池新近建设的禊饮堂大概缘自于此。

到了现代，襄阳的三月三已演变为吃野菜煮鸡蛋的习俗。人们在外出踏青的同时，总是乐于接受大自然的馈赠，家庭主妇们都会去到郊外采地米菜（荠菜）、蒲公英等野菜，洗干净后连同带壳的鸡蛋放入清水中煮，再加入一些盐等调料调味，等到煮熟以后，可以吃野菜鸡蛋，还可以喝菜汤。寓意是沾吸大地灵气，除去晦气秽疾，增添美好和吉祥。

第二节　诗酒宴会

　　古人的聚会，往往讲究环境氛围和心境，常常是携家人或者朋友共同玩赏，宴饮更是必不可少的内容。名人雅士的逸致闲情，往往在乐山爱水中，托酒而出。在襄阳历史上，诗酒饮宴类的聚会对习家池情有独钟，一个最重要的原因是，习家池乃"游宴名处"，不仅为名人雅士提供了最好的山水环境，更有美酒佳酿。

　　前文说过，西晋时期，镇南将军山简经常到习家池佳园嬉游聚饮，酣醉而归。但山简所饮是何美酒，史上并未确指，从其偏爱程度和逢饮辄醉来判断，他所饮乃是当世名酒无疑。西晋之后，宜城酒频频出现在名人诗作之中，远近驰名，并与习家池紧密关联。由此可以断定，山简及其以后的习家池诗酒饮宴所饮之酒就是宜城酒，此习俗流传了千余年。

　　西晋名臣、博物君子张华《轻薄篇》中有描绘宜城陈年老窖的诗句：

苍梧竹叶青，宜城九酝醝。
浮醪随觞转，素蚁自跳波。

　　梁代诗人沈君攸在《羽觞飞上苑》诗中写道：

山阳倒载非难得，宜城醇酎促须斟。

半醉骊歌应可奏，上客莫虑掷黄金。

诗中的"山阳"当为山简。"宜城醇酎"即指当时享誉全国的宜城美酒宜城春、竹叶青等。"骊歌"是离别之歌，饯别时客人歌之。古人特别看重离别，最为痛苦的也是离别。在离别之际，在饯别宴上，饮宜城美酒，歌骊驹之曲，倾心山简倒载之风流，何论抛掷黄金之贵重！

盛唐田园诗人孟浩然在《除夜有怀》（一作《岁除夜有怀》）诗中写道："渐看春逼芙蓉枕，顿觉寒销竹叶杯。"在《岘山送张去非游巴东》（一作《岘山亭送朱大》）诗中写道："祖席宜城酒，征途云梦林。"还在《九日怀襄阳》（一作《途中九日怀襄阳》）诗中写道：

谁采篱下菊，应闲池上楼。

宜城多美酒，归与葛强游。

北宋太平兴国五年（980年）进士晁迥《诗一首》写道：

宜城微美酎，汉水得佳鲂。

登岘思前哲，游池醉夕阳。

微，寻求。鲂，即鳊鱼，古名槎头鳊、缩项鳊。襄阳鳊鱼早在南北朝时就著盛名。作者饮宜城美酒，品汉水美食，赏岘山习池美景，思前哲先贤，可谓游目骋怀。

北宋史学家、助司马光纂修《资治通鉴》的刘攽如此描述"宜城酒"：

> 九酝宜城酒，人传岘首碑。
> 古今情不别，更问习家池。

大文豪苏轼在游历习家池后，不仅写了多首有关习家池和山简醉饮典故的诗，还对宜城"竹叶酒"赞叹有加：

> 楚人汲汉水，酿酒古宜城。
> 春风吹酒熟，犹似汉江清。
> 耆旧何人在，丘坟应已平。
> 惟余竹叶在，留此千古情。

据相关史料记载，宋代还时兴吃螃蟹，用姜橙佐宜城酒，被视为一种高品位生活。吴锡畴《擘蟹》诗："芦花洲冷霜威健，竹叶杯深饮兴生。且与老饕成后赋，正须一笑付姜橙。"此外，新年守岁用三爵杯喝宜城酒，也是一种必须的讲究。"明代前七子"领袖人物李梦阳《己巳守岁》诗云："穷年岂办椒花颂，守岁真贪竹叶杯。"同是"明代前七子"之一的王廷相也盛赞宜城酒，他的《汉上歌》诗：

> 宜城出美酝，载入习家池。
> 山公去已久，醉杀襄阳儿。

可见，宜城酒是习家池待客的常备和必备之酒。

宜城之所以出好酒，一个重要的原因是宜城有用于酿酒的最好泉水——金沙泉。金李俊民有《金沙泉》诗一首，诗前自注："金沙泉，在宜城县东一里，造酒绝美，世谓宜城春，又云竹叶杯。"诗曰：

何处山泉味最佳，从来独说有金沙。

楚人遍地宜城酒，莫着淄渑诳易牙。

赞美宜城酒的诗人诗作还有不少，恕不一一列举。诗人们告诉我们，汉魏以来，襄阳习家池常常是文人雅士云集，无论是欣然相聚，还是伤感离别，席间饮的美酒就是宜城酒。不过，据相关义献，宜城酿酒的历史史早，战国时宜城的醪醴就已经成为楚国宫廷御酒。汉末宜城酒卖至斗酒千钱，六朝时，宜城美酒曾令江左上层钦羡，其源流之绵长、声名之影响，在中国历史上绝无仅有，妥妥的"老字号"。本地区古遗址中发现有丰富的遗存。但到宋代以后，当地"金沙泉"干涸，宜城酒在中国酒中的地位开始下降。

正是由于宜城酒的久负盛名，酒文化的丰厚积淀，使得习家池成为高雅放达的象征，甚至从未到过襄阳的晚唐著名诗人李商隐，也化用西晋时期镇南将军山简醉饮习家池的典故吟出了"曾共山翁把酒时，霜天白菊绕阶墀"的诗句。明代张元祯、萧良有把习家池的醉饮抬举到了无以复加的地步。张元祯在《游东郊》诗中写道："不是习家池上饮，傍人休笑醉如泥。"萧良有在《游习池》诗中说："死后千年思，生前一日醉。"

"古来圣贤皆寂寞，惟有饮者留其名"，"醉翁之意不在酒，在乎山水之间也"，习家池因此赢得了"醉酒诗千篇"的美誉。

据《全唐诗》载，初唐时期，有一次诗酒饮宴，既没有载明聚会地点，也不知所饮何酒，显得很特别，其特别之处在于全体参与者均为进士或举人出身，在一个特定的日子里写同题同韵诗，相当于"学霸"聚会，命题创作并限定辙韵，提高了难度，增强了趣味性。诗题为《晦日重宴》，只知道"是宴九人，皆以池字为韵，周彦晖为之序"。其中四首都直接写到了习家池或山简的典故。

高正臣的诗：

芳辰重游衍，乘景共追随。
班荆陪旧识，倾盖得新知。
水叶分莲沼，风花落柳枝。
自符河朔趣，宁美高阳池。

高瑾的诗：

忽闻莺响谷，于此命相知。
正开彭泽酒，来向高阳池。
柳叶风前弱，梅花影处危。
赏洽林亭晚，落照下参差。

周彦晖的诗：

春华归柳树，俯景落蓂枝。
置驿铜街右，开筵玉浦陲。
林烟含障密，竹雨带珠危。
兴阑巾倒戴，山公下习池。

韩仲宣的诗：

凤苑先吹晚，龙楼夕照披。
陈遵已投辖，山公正坐池。

落日催金奏，飞霞送玉卮。

此时陪绮席，不醉欲何为。

　　晦日是古老的中国传统节日。指夏历（农历，阴历）每月的最后一天，即大月三十日、小月二十九日，正月晦日作为一年的第一晦日即"初晦"，受到古人的重视，寄托了古代中国劳动人民一种祛邪、避灾、祈福的美好愿望。重宴（音 zhòngyàn），是科举制度中规定的一种宴会，始于唐朝。清创"重宴琼林"制，即中进士六十周年后，与新科进士同赴的宴会。

　　以上四首诗的作者均为高宗时人，其中高正臣习右军（王羲之）书法，曾任襄州刺史，官至少卿。当时的"晦日重宴"是就在习家池举行，还是因为作者曾游历过习家池或对其耳熟能详而写来得心应手？这似乎并不重要了。通过这些诗人的句子，我们仿佛可以触摸到古人在正月晦日出游，和刚刚露脸的春姑娘亲密接触的大好心情。

第三节　文人雅会

前文所谓修禊聚会、诗酒宴会活动，形式内容大同小异，事实上相当于人们所说的雅集或雅会，只不过当时并没有人对这种活动的名称给予明确的定义，后来经过演变，约定俗成而已。兰亭修禊事件正是后来被冠以"兰亭雅集"之名，而对后世文人名士雅集从内容到形式都产生了突出的影响，更直接形成了雅集的基本模式。

文人雅士的雅集缘于雅兴，有雅兴"方能忙世人之所闲"，是物质生活有了结余之后的产物。汉代以前还没有形成独立的文人阶层，也就是说还没有以文化为事业的专门人员，汉代以后，产生了一批由其他行业供养的专门的文化人。以士族子弟为主体的文人雅集（雅会）活动逐渐兴起。

历史上著名的"雅集"有40多个，其中一部分其实就是修禊聚会和诗酒宴会活动的别称。

汉末建安文士邺下聚会开创了文人雅集的先河。西晋竹林七贤雅集、"金谷二十四友"雅集名动一时。前述东晋兰亭雅集成就了王羲之千古名篇和书法。南北朝"竟陵八友"雅集诞生了"永明体"诗。

大唐时代，盛世风华、文星昌耀，文人雅集盛极一时。琉璃堂雅集、滕王阁雅集、香山雅集等闻名遐迩。

大历年间（766—779年），曾率义军对抗过安史之乱叛军的忠义名

臣、书法大家颜真卿出任湖州刺史，他与"茶圣"陆羽等"江东名士"的诸多雅集，为后世留下不少茶酒佳话，并留下了饮宴酬唱的诗作，其中多处写到了习家池或用到了习家池的典故。

七言醉语联句：

逢糟遇曲便酩酊（全白），覆车坠马皆不醒（真卿）。
倒著接䍦发垂领（皎然），狂心乱语无人并（陆羽）。

此诗联句形式是一人一句。四人皆写醉酒，但若无醉酒之亲历，怎会写出"狂心乱语"之感受？

重联句一首：

相将惜别且迟迟，未到新丰欲醉时（卢幼平）。
去郡独携程氏酒，入朝可忘习家池（陆羽）。
仍怜故吏依依恋，自有清光处处随（潘述）。
晚景南徐何处宿，秋风北固不堪辞（皎然）。
吴中诗酒饶佳兴，秦地关山引梦思（卢藻）。
对酒已伤嘶马去，衔恩只待扫门期（□惮）。

这首诗联句形式是一人两句，其中的名酒掌故，可谓拈之即来。

此外，在《登岘山观李左相石樽联句》诗中还有"醉后接䍦倒，归时驺骑喧"（杨德元）等语，也用了习家池山简醉酒典故。

宋代，"洛阳耆英会"仿香山九老会的形式，聚集洛阳年高望重者13人置酒赋诗相乐，司马光以楷书作《洛阳耆英会序》和《会约》，堪称文化瑰宝；苏轼、黄庭坚、秦观、晁无咎等，犹曾集会西园，李公麟画《西园雅集图》，米芾作《西园雅集图记》，传为文坛之不朽盛事。

元代，科举制曾一度废止，文人仕途受阻，生活朝游山玩水、雅集聚会、交流切磋转向。由昆山名士召集的玉山雅集凡50多次，时人称为"诸集之最盛"，杨维桢颢跋的《玉山雅集图记》赞其"清而不隘，华而不靡"。顾瑛汇记、序、诗、词、赋等于一炉的《玉山名胜集》，纪晓岚评曰："其宾客之佳，文辞之富，则未有过于是集者……文采风流，映照一世，数百年后，犹想见之。"

明代文人结社雅集、文酒觞咏依旧盛行。中晚期的文人超越了以往历代的雅集模式，在组织形式、内容及文化特色上都呈现出新的典型特点，一方面扩大了文人的交往范围，带动了整个社会文化品位的变化，另一方面宣传现世享乐的浮躁风气，也造成了一定消极影响。

清初统治者认为，文人士大夫的政治性结社是导致晚明政局败坏的原因之一，因而"不许立盟结社"，然而，雅集、会讲、文宴等活动并未销声匿迹。鸦片战争之前，大规模的雅集活动也举办过多次。

当代，文人雅集（雅会）出现了一些问题甚至是乱象。主要表现在文人雅集的语境逐渐消失，世俗化日益泛滥，今人的传统文化雅集能力已经大不如前人，以吃喝玩乐为主的聚会增多，以文化为主题的雅集减少，远不如古人的依山傍水、清脍疏笋、诗酒书咏高雅尽兴。其形式化、表面化、程式化、庸俗化明显，有的俗不可耐。随着国家对传统文化的重视，随着人们文化品位的提升，文人雅集开始逐步回归本源。

总之，作为中国历史上一道别致的文化图景，文人雅集或雅会为我们留下了无数文化瑰宝与千古绝唱，其文化魅力穿越时空，不会被时光的尘埃所湮没。

习家池历来为达官显宦、文人名士所偏爱，是修禊聚会、饮宴赋诗等活动的理想场所，习俗由来已久，然而，这里却始终未有以"雅集""雅会"等命名的聚会活动见诸史料记载。直到唐代以后，所谓"习家池雅集"才在民间开始流传，也多了文字记录，并形成了具有襄阳地方特色的

小气候，尽管不如滕王阁雅集、西园雅集等的名气和影响力大，却也精彩纷呈，别具一格。

按照上述"定义"，史上有记载的习家池首次"雅集"，发生在东汉灵帝末年襄阳岘山南至宜城大道旁的"冠盖里"，官宦名士云集，极一时之盛，为习家池雅会文化之滥觞。（后文详述）

盛唐时代，居住在岘山脚下、汉江边涧南园的孟浩然（689—740），是隋唐以后最早以诗文描写习家池雅集的人。他在写作山水田园诗上有独特的造诣，后人把他与王维并称为"王孟"。他曾经多次组织文朋诗友在习家池曲水流觞，宴饮赋诗，堪称习家池雅集的头号牵头人。他的一首《襄阳公宅饮》诗，着重描写了一次习家池"雅集"参与者在襄阳公（习郁）宅院饮宴的情境：

窈窕夕阳佳，丰茸春色好。

欲觅淹留处，无过狭斜道。

绮席卷龙须，香杯浮玛瑙。

北林积修树，南池生别岛。

手拨金翠花，心迷玉红草。

谈天光六义，发论明三倒。

座非陈子惊，门还魏公扫。

荣辱应无间，欢娱当共保。

当时的习家池景观环境十分幽美：一抹夕阳

孟浩然故居涧南园鸟瞰（效果图）

映照在深远曲折的小径，北面树高林密，南边的池塘里分布着小岛，宅旁花草萋萋，习池春景融和。当天的筵席陈设华美：开的是龙须席，用的是玛瑙杯，大家不分高低贵贱，谈笑风生，纵情欢娱。赞美之意，溢于言表。只是不知道，这首诗与那首《高阳池送朱二》哪个在前哪个在后，之间相隔多少年，为什么同样出自孟浩然笔下的习家池，此时如此繁华，那时那般荒凉？也许这首诗写于意气风发之时，而《高阳池送朱二》作于仕途无望之后，是诗人心境不同使然吧！诗中的六义是指《诗经》的风、雅、颂、赋、比、兴。三倒，用《世说新语·赏誉》王平子和卫玠"卫君谈道，平子三倒"的典故。晋代卫玠善言名理，口若悬河，舌如利刃，每次让王平子听后佩服得五体投地。陈子惊，是指汉陈遵（王侯）宾客盈门的故事。"门还"句，意似以魏勃（西汉齐国中尉，少时家贫，为见丞相，于相府舍人门外扫地）自比。诗人虽然连续用了几个典故，但诗的画面感极强，给人以身临其境的感觉。

孟浩然的另一首《齿坐呈山南诸隐》，叙述了一次名流荟萃的雅集聚会：

习公有遗坐，高在白云陲。

樵子不见识，山僧赏自知。

以余为好事，携手一来窥。

竹露闲夜滴，松风清昼吹。

从来抱微尚，况复感前规。

于此无奇策，苍生奚以为。

这首五言古风，名曰《齿坐呈山南诸隐》，即于习凿齿坐席（写诗）呈给"山南诸隐"，而"山南诸隐"真的隐身不见，全篇写雅集却游离于雅集之外，只记述了到习家池游山吊古的经历，气象高古，意蕴宏深。前六句为叙事，写来到白云环绕的高山凭吊遗踪。樵夫虽不知道齿公，山僧们却很敬重。我们这些"好事者"结伴而来，以虔敬的心情一发怀古之幽思。后六句为全诗的重点，妙思泉涌。"竹露"二句，写夜间与白日的感受：竹露于深夜悠闲地滴下，清凉的松风白天轻轻吹拂。"闲""清"二字极妙，一篇之眼。将一段静穆清逸之情，表现得深致入微而采秀内映。正是"仁兴"之妙笔：在直觉引导下，通过诗料与情感的酝酿而顿然产生的灵感。作为一个胸有抱负的后辈，来到前贤面前，深为其宏图远规所感佩。诗句中的"前规"与"奇策"是什么？是有感于习家池所体现的厚生爱民的仁政思想，也是对习凿齿宏文大论的景仰。作为一方父母官，不能出奇策安顿天下苍生，那怎么能行呢？卒章显志。这样的结尾，充分体现出诗人高尚的胸襟与远大的政治抱负。如果上文推论不错的话，这首诗应该写成于《襄阳公宅饮》同一时段，他的另外几首描写习家池的诗也应写于此时段前后（后文详述）。

孟浩然还有一首描绘雅集活动的诗《九日岘山饮》，具体地点虽不在习家池，却近在咫尺。诗题原为《卢明府九日岘山宴袁使君张郎中崔员外》，写诗人和几个知己，在九月九日登高日，在岘山之上饮酒赋诗、忘情山水的情景。诗的最后两句是："叔子神如在，山公兴未阑。尝闻骑马醉，还向习池看。"意思是说大家和当年的羊叔子（羊祜）、山简一样能饮酒尽兴，归途中仍恋恋不舍。

中国传统知识分子从士阶层的崛起到文人集团的形成和群体意识的张扬，宋代是一个重要的转折点。在两宋时代，习家池为诸多文人所关注，先后有120多人留下了与习家池及其人物典故相关的诗篇，其中有不少是描写雅集（雅会）活动的。

北宋庆历七年（1047年），由王洙发起组织的一次襄阳文人雅集活动，成为北宋文坛的一件盛事，影响深远，甚至堪与兰亭雅集等相提并论。

　　王洙，字原叔，应天宋城（今河南商丘）人。天圣二年（1024 年）进士，官直龙图阁，同判太常寺，坐事黜知濠州，复徙襄州。累迁翰林学士，兼侍讲学士，谥曰文。当时知襄州的王洙看到羊公祠损毁严重，出于对羊祜的敬仰，向朝廷上书，倡言修复，获得恩准。随即，他以千金赎回原祠旧基，重修了祠宇。之后，他邀请了当时的大文豪范仲淹及郡内外僚属名士十余人，齐聚襄阳举办雅集。他们登岘山瞻仰祠宇，眺望襄阳城和汉江，游习池徜徉园林，即兴吟诗作画，置酒唱和。大家盛赞岘山和习家池美丽的风景，歌颂羊祜的绝世功勋和德政，夸奖王洙及其兴善盛举。王洙把每人一首歌颂羊祜的诗镌刻在一个八面石幢上，置于岘首山上，立于羊公祠旁，成为继堕泪碑、岘山亭、羊公祠之外纪念羊祜的又一建筑物，被传为美谈。尤其是千古名篇《岳阳楼记》的作者范仲淹的领衔出席，并以其如椽巨笔留下了传世佳作，大大提升了这一活动的知名度和影响力，使得此盛事彰显于天下。

　　北宋著名书画家、"宋四家"之一的米芾，青少年时代生活于襄阳。他曾写过一首《小集南山》的诗，描写了一次僧、道、隐者等"方外客"的集会。这是目前找到的米芾留存于襄阳的唯一一首诗作，首句就用了山简醉饮的典故：

山翁酩酊葛强随，庭下青春鸾雀飞。

幕府惯为方外客，风前懒易道家衣。

　　南山即凤凰山。幕府，本指将帅在外的营帐，后泛指军政大吏的府署，亦借指将帅。当时，米芾的父亲在襄阳做官。方外客，即方外人，不涉尘世或不拘世俗礼法的人，多指僧、道、隐者。这首宴游之作，米芾自言"风前懒易道家衣"，表现了他与同游之人超然于世俗之外的怡然心态。

　　北宋年间，与苏轼交往密切的赵德麟，因"东坡既谪，德麟亦坐废十

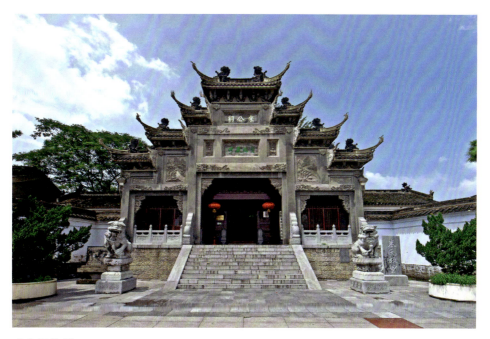

米公祠牌楼

米公祠（米芾纪念馆）

年"，在襄阳幕府任从事，经常与李廌、魏泰、李友谅、谢公定、曾仲成、潘仲宝等人徜徉山水，习家池是他们必到的聚会游宴赋诗场所。

神宗元丰五年（1082年）进士邹浩，曾为襄州教授。他的一首唱和之作《和钱签判赠胡都曹》写道："公余来访习家池，楚楚王孙桂一枝。九十春光未过半，倒罍尤喜有前期。"叙述了仲春时节，衣冠楚楚的科举及第的一群贵族公子按照过去的约定，于公务之暇前来寻访习家池，并赋诗唱和、开怀畅饮的故事。倒罍，即把酒樽里的酒喝光。

北宋末年，进士出身的傅察描写了一次习家池雅会活动，题为《吏隐亭会集》：

招携共到习家池，正水为裳芰制衣。
鱼戏轻船浮枕簟，鸥随落日下汀矶。
岸巾已得杯中趣，横吹如从天外飞。
野性每来应未厌，骊驹宁复赋言归。

朋友们招邀偕行，赤身露体到习家池欢聚。池中鱼儿在小船边嬉戏，好像浮游在枕席之上，鸥鸟在落日余晖中飞到水边的岩石上停歇。大家掀起头巾，露出前额，洒脱不拘地畅饮，横笛吹奏的乐曲如同天籁。喜爱自然，乐游田野的人随性常来，应该百游不厌，分别时还要赋新词，尽兴而归。全诗情景交融，欢乐开怀。吏隐亭在江西南昌，诗中的"共到习家池"应是把吏隐亭比拟作习家池。这也说明了习家池的影响力。

南宋庆元二年（1196年），程九万以戎帅守襄阳府，曾多次到习家池雅集宴饮，并有诗以记盛事。以辞赋闻名艺苑，与程九万为同年进士和好友的陈造先后有和诗五首。可惜程九万的《游习池》诗已难觅踪影，所幸陈造的次韵见于诗集。陈造的《次韵谢程帅复游习池见寄二首其一》写道：

名园壮观还前日，禊事追游可后时。

试问绣筵张绿野，何如诗客到昆池。

绮罗香外莺偷眼，花柳稀间鸟唔儿。

定许此民同此乐，春城无处不嬉嬉。

诗的大意是，名园习家池复原如以前一样壮观，禊祭之事可以追补。华美的筵席开设于绿野之上，跟诗客到昆明池去相比如何呢？黄莺偷眼瞧着身着绮罗的贵妇、美女，鸟儿在鲜花柳树间鸣叫。此情此景，一定是这里的民众同欢同乐，春天里到处的人们都喜笑颜开。诗人观察细致入微，自问自答，通过对景物的生动描写，赞颂了习家池自然生态之美，重现了饮酒赋诗唱和的热闹场面。参看另外四首诗，诗人先后用到了"清明胜赏""啼莺语燕""花骈红影"等词语，表明这次游习池是在春天，正是"南园胜绝堪画"之时，如果有画家李公麟在场，一定会像绘《西园雅集图》一样画一幅"习池宴游图"。诗人用到了"绣筵张绿野""香飘玳席"等词语，说明这次宴饮设席之丰，果馔之盛，非比平常。还有"坐觉晴云恋歌扇""舞袖轻于翡翠儿"等诗句，很显然这次游宴伴有歌舞。还有"诗句肯藏扪虱手，仙曹容著牧羊儿"，则显示程九万等人颇具汉晋风流。同时，还用了"禊事追游""觞浮曲水"等词语，明言赋诗是这次习池游宴的主要活动之一。诗人用"何如诗客到昆池""看供吟笔泻天池""吟笺传遍鸳鸿友"等诗句，真实地描写了当时诗歌唱和的场面。诗中虽然没有明写酩酊醉酒，但处处有酒，既有上述所引"玳席""觞浮曲水"等词语的暗中交代，又有"酒量勉添些子儿""酒榼相过但溪友""若为长伴酒边嬉"等诗句的明言相告，看似写得平和无奇，但醉意却在其中矣。何况，游习家池必定饮酒也是传统。

从宋至明，襄阳及周边地区文人名士以游习家池为赏心乐事、雅人清事，并留下了大量诗文，表明此类修禊活动已经成为常规，由来已久。史

料和诗文中亦多有述及。

明代景泰二年（1451年）进士童轩有一首《丙戌上巳日》：

桐花初着雨丝丝，又值东风上巳时。

千古兰亭留胜会，半生萍水叹多岐。

河桥细柳莺声早，驿路青山马去迟。

安得当年诗社友，相逢一醉习家池。

桐花是清明"节日"之花，清明时节的政治仪式、宴乐游春、祭祀思念等社会习俗构成了桐花意象的文化内涵。此诗选取具有此独特文化意象的桐花入题，描写了作者在农历丙戌年二月三上巳之日对往事的感怀和对现实的感叹。诗的尾联表达了作者与昔年缔结诗社的诗友到习家池雅集聚会，一醉方休的愿望。诗中的习家池不一定确指，应为比拟。

明代隆庆戊辰年（1568年）五月，名臣张居正姻亲、时任刑部侍郎的夷陵刘一儒，偕宦友赵良弼、刘质卿同游习家池。此刻习家池仿佛桃源，三位客人席地而坐，浅斟低酌，击缶而歌，煮茗谈棋，怀古诵诗。到深夜，三人将床榻并联，畅聊无眠，极尽清游之乐。明日告别，互吟诗章，喻之以怀，饯之以行，又千古异代同怀之情。刘一儒撰写的《习池聚乐记》称："襄阳据荆、郧、宛、洛，为南北奥区，山水之胜甲于他所""便而可游者，惟习池为最胜云"。并称此次习池雅集的欢愉不亚于以前竹林、河朔、兰亭、豫章。这是一次比较完整的习家池雅集活动记载。

明代万历年间（1572—1620年）举人、藏书家徐𤊻的《同屠田叔张孺愿钱叔达张公鲁及社中诸子集陈正夫水亭分得文字》描述了一次通宵达旦的雅集聚饮：

习池花木翠氤氲，忽枉高轩过使君。

囊里诗签拈五字，尊前乐府演双文。

杯倾竹叶春频醉，烛烬兰膏夜已分。

地主独留髡送客，犹余丝管梦中闻。

诗题中的同游之人仅见其名，陈正夫，一作正甫，湖北竟陵（今天门）人，万历十一年进士，曾任徽州知府、山西提学使。"陈正夫水亭"不知所在，但从诗的第一句和第五句看，分明是说此次雅集活动的地点就在习家池（"竹叶"为习家池待客之酒，见前）。

万历《襄阳府志》载有魏久贞的《习家池三首》，其中第三首诗前面有"余再至襄阳，之明日，承郡诸公招饮习池，归途为赋长律二首，末东太霞纪善者"等文字，其诗曰：

有客风尘未定期，乘闲一到习家池。

尊中美酒人同醉，池上风流彼一时。

止水那知流水乐，近山还似远山奇。

孟家处士知言在，莫对江山不赋诗。

结合"前言"和诗句，说明诗人"乘闲"应邀参加了一次习家池雅聚活动。处士，是对未仕或不仕者的称呼。"孟家处士"指孟浩然，他一生没有功名，只在张九龄荆州幕下做过一度清客，后来便以布衣终老。

清代，官府对习家池越加重视，多次修建使习家池规模不断扩大，设施不断完善，习家池成为襄阳例行的修禊之所，特别是知府周凯借"四贤祠"落成之机举办的大规模修禊活动，对后来的文人名士雅集产生了很大的影响。此不赘述。

习家池全景

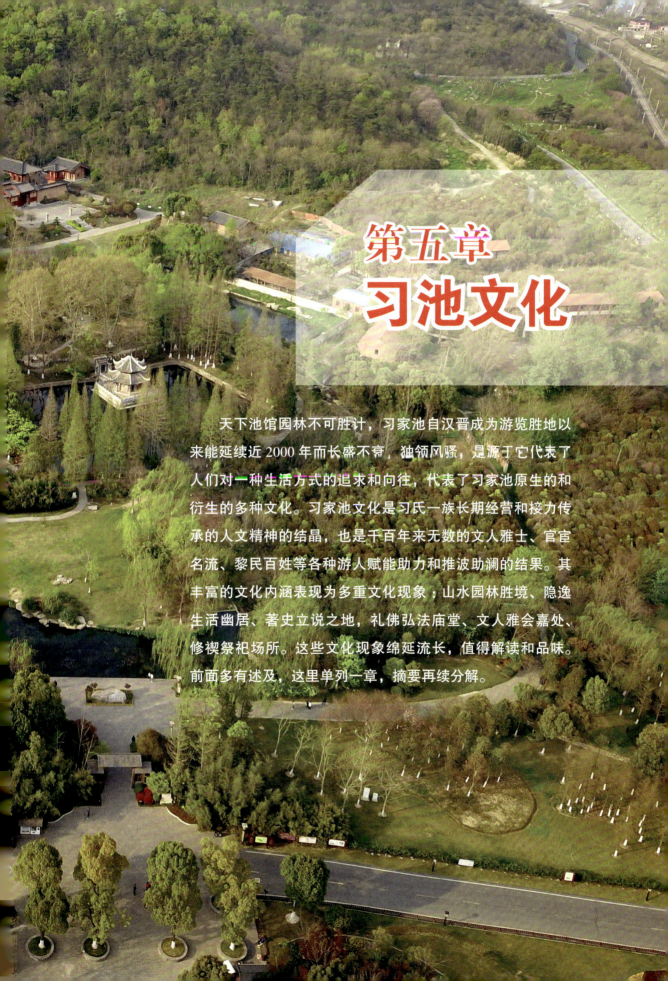

第五章
习池文化

天下池馆园林不可胜计，习家池自汉晋成为游览胜地以来能延续近 2000 年而长盛不衰，独领风骚，是源于它代表了人们对一种生活方式的追求和向往，代表了习家池原生的和衍生的多种文化。习家池文化是习氏一族长期经营和接力传承的人文精神的结晶，也是千百年来无数的文人雅士、官宦名流、黎民百姓等各种游人赋能助力和推波助澜的结果。其丰富的文化内涵表现为多重文化现象：山水园林胜境、隐逸生活幽居、著史立说之地，礼佛弘法庙堂、文人雅会嘉处、修禊祭祀场所。这些文化现象绵延流长，值得解读和品味。前面多有述及，这里单列一章，摘要再续分解。

第一节　园林文化

在园林史学界，中国园林发展的历程被划分为生成期（商周秦汉）、转折期（魏晋南北朝）、全盛期（隋唐五代）、成熟期（宋辽金）、沉积期（元代）和集大成期（明清时期）等七个阶段，并依据历史文化背景将古典园林分为皇家园林、私家园林、寺观园林等。

然而，中国历代对最早私家园林的概念界定不一。曾经的汉茂陵袁广汉园、梁睢阳梁苑、唐朝宰相卫国公李德裕的平泉庄等一度规模大，名气大，但它们或名列官园，或流于虚夸，或晚于习家池，且都没有保存下来，其影响和可信度也远不及习家池。习家池确属我国历史最为悠久的私家园林之一，虽历经沧桑，其基本内容和艺术风格却一直延续至今，可以说是"一直被模仿，从未被超越"。

追溯习家池园林的整个历史，难觅人工造景的痕迹，表现出鲜明的基于自然形态的特征。由最初的士人对其自然美的发现，到风景园林的形成和发展，是一个不断创造、保护与传承的过程。在这个过程中，唯一不变的是其历史文化内涵。正如许多风景名胜都是经过历代多次修建才保存至今，并且每次修建都沿袭当初的风格而并不拘泥于位置和形象上的准确一样。这也是习家池被称为郊野园林典范的原因之一。

习家池园林从东汉建武年间襄阳侯习郁建立宅院，当时并没有采用

过多的营园手法，主要是因为东汉时期的私家园林尚处于萌芽期，多效仿皇家宫苑，没有规模宏大的建筑群，也少有对空间精致多变的追求，而是以自然为基底，追求纯正的山间野趣，建筑依功能而设，隐于林间。其通过石洑逗将池水引入宅中的做法更是体现了自然与人工结合的理念。其次是因为习郁建园之初追求隐士之雅趣，选择负阴抱阳之地，是一种"安定"的山水观的体现。习郁这一造园理念，竟与后世学者的研究结论不谋而合："我们先民特别执着的山水情愫和特别发达的山水情绪，有着特别丰富的山水审美实践和很高的山水审美精神评级，也有着特别深厚的山水审美积淀和特别美丽的山水文化精神。"（段宝林、姜蓉《中国山水文化大观》）

东汉中期以后，社会奢靡成风，竞相营建宅第园池互相攀比。豪门贵戚多建园于地段优良之处，广栽花木，且筑有楼台亭榭，亦有堆山埋小，私家园林呈现出形形色色的景象。至汉末乱世，文人对人格的追求促使他们选择隐逸山林，更加亲近和回归自然。汉以后，受到书画、诗词等艺术发展的影响，山水景色被强化为对人的精神有净化和寄托的作用，拥有以自然山水为基底的私家园林逐步成为文人士大夫理想的生活方式，习家池园林当然地成为造园的范式。

魏晋南北朝时期，私家园林盛行，一般是名人士大夫的宅园或别业。潘岳《闲居赋》："……筑室种树，逍遥自得。池沼足以鱼钓，春税足以代耕。灌园粥蔬，供朝夕之膳。牧羊酤酪，俟伏腊之费。"由此可见，私家园林既可满足士人的物质生活需求，也符合士人的品位。而习家池对其影响之巨大，可以说是无处不在。南齐茹法亮：

广开宅宇，杉斋光丽……宅后为鱼池、钓台、土山、楼台，长廊将一里，竹林苑药之类。

这几乎就是习家池的仿制品。《梁书·庾诜传》里还有"性托夷简，特爱林泉。十亩之宅，山池居半"等文字。

与襄阳密切相关的六朝人物沈庆之、萧长懋、萧统等都是当时的造园名家，六朝园林除极尽纤丽之外，其主旨意气，大抵格局多沿袭习家池风格，成为中国园林文化之主流。

西晋时期，习家池声誉鹊起，史称"诸习氏，荆土豪族，有佳园池"。这一天然佳境，成为远近闻名的观光游览胜地。永嘉年间（307—312年），由于征南将军山简的醉饮，又使习家池与酒结下不解之缘，成为高雅放达酒文化的代表和精神象征，其影响力进一步提升。

东晋时期的习家池，主人为习郁后人习凿齿，这时的习家池依然保存了大、小鱼池、私宅以及大鱼池中的钓台，他在钓台上增建亭了，周匝雕花石栏，赏荷观鱼，听风品香。后来习凿齿为了接待释道安师徒一行，对之前的私宅进行了扩建，改善了环境，修建了谷隐寺，名士高僧入住增加了习家池的文化气息。而习家池"模山范水"的造园规范对宗教寺院园林化也起到了巨大的示范推动作用。释道安高徒慧远离开襄阳后率弟子数十人南下，在庐山新建精舍东林寺，"寺当庐山之阴，南面庐山，北倚东林山，山不甚高，为庐外郭，中有大溪自东而西，驿路界其间，为九江之建昌孔道，寺前临溪，入门为虎溪桥，规模甚阔"，"尽山林之美"，和习家池有很多相似之处，开创了寺庙造园风格的先河。

到了唐代，开始出现了许多公共园林，且集中在区域性的政治、经济、文化中心，如长安城的曲江池，王维所建的辋川别业等。这时的习家池没有了明确的主人，环境虽有遭到破坏，但也得以恢复，由私家园林逐步变为了公共园林，园林结构也渐渐变得开放，由原来的一宅两鱼池的田园隐居式的园林，发展成了文人聚集的雅趣之地、平民百姓的游览胜地。不过，众多赞颂习家池美景或感叹习家池昔盛今衰的诗文中，并没有描述其园林形制。

从流传下来的诗词中推测，习家池在北宋时期依然是襄阳近郊的一处供人们游玩赏乐的名胜。南宋时习家池承担了接待往来人员的作用，官府曾在习家池的旧址上新建了规模较大的"习池"馆和"怀晋"堂，但是宋元之际，襄阳地区多发战乱，习家池遭到了严重的毁坏。宋元以降，直至民国，习家池叠次修葺，植佳木，筑华屋，聚灵石，终成佳构，"虽由人工，宛自天开"，备受远近游客的追捧。清《襄阳县志》载："全楚十八九处胜迹，名流人士流连而慨慕者，习家池为最。"

明清时期，习家池虽早已不复东汉、两晋时期之鼎盛，甚至是面临过近乎荒废的处境，但其基本的园林格局和影响力犹存，依托其周边环境以及自然风景之胜，依旧是襄阳城市重要的人文空间和风景名胜。习家池在这一时期体现出的特征依旧是其自然风景之美，宋代以来的驿馆已不复存在，其功能属性还原单一，建筑及人工景致几乎消失，甚至是标志性的湖心亭，也无文献和相关古籍资料证明其修复之前的存在性。

明清两代对习家池进行的多次修缮和重建，恢复了部分园林旧观。可以肯定的是，正是习家池保持了其突出的自然环境，展现出了极其有利于民的自然资源，仰赖官吏、文人、匠人、百姓的关注和努力，实现了习家池营造史上的又一次复兴，使得其所承载的历史信息、故事、人文脉络以及自然胜景留存延续至今。尤其清代，在修建中新加入了很多园林要素，形制由之前的两个鱼池变为一个大鱼池，池中的钓台和亭子保留了下来，新建了习氏祠堂，以及溅珠池和半规池两个小池。作为后人营建思想的植入以及对习家池营造的新理解，以至今人依然能够感受和追溯"习凿齿登台著书""山简醉卧高阳池""孟浩然、王维、李白畅饮高歌"等历史场景，"高阳映雪"更是成了广受称赞的襄阳十景之一。

习家池在历经了多次修缮和重建之后，还恢复和增加了灌溉、祭祀等功能，这样习家池的园林格局已经全部开放。虽然其功能几经变化，甚至和其营建之初大不相同，但重建重修都是依照旧制进行的，因此其空间格

半规池和溅珠池

局继承了习家池历代营建的基本原则和形态，能在一定程度上反映出习家池园林空间形态的本源，而非完全不同。

习家池功能的转变，使其承载的文化意义愈发重要，到了近现代，它存在的意义已经远远超过了一处风景优美的游览胜境，其更是见证襄阳城市、社会历史变迁和发展的载体。可以说由"名园"变为了襄阳城市、文化的标志之一。

第二节　雅会文化

  古代文人士大夫一有空闲，便会约三五知己，"或十日一会，或月一寻盟"，到绿郊山野，松风竹月，烹泉煮茗，吟诗作对。这种以文会友的聚会被称为雅集，或曰雅会。这一优秀传统和现象是中国文化艺术史上独特景观。

  前文介绍过，从为数不多的史籍记载和历代诗词中可以看出，起初，文人士大夫的小型聚会，活动内容主要集中在焚香抚琴、诗酒饮宴等几个方面，并无特定的名称，类似于现代的沙龙。随着琴、棋、禅、墨、丹、茶、吟、谈、酒等谓之"九客"的普及和诗酒唱和、书画遣兴、文艺品鉴等成为"规定项目"，活动变得更加丰富多彩，一些有相对明确的召集人，有明确的时间、地点、人物的较大型聚会也被冠以"雅集""雅会"等名称。唐代以后，活动的场所由山林转入园林，由于园林既开放又私密，基本不受外界干扰，其主要形式是在游山玩水之余，以文会友、切磋文艺、陶冶情操，因而带有很强的游艺功能和娱乐性质，体现了人与自然的和谐相处，令无数人心向往之。

  古代很多雅会交往借由诗文、书画切磋激发灵感与创意，成就了中国文化史上大量的文艺佳作和传世佳话，像李白和汪伦、高适和董大、白居易和元稹、伯牙和钟子期……他们的友情寄寓在画作、诗作和音乐之中，无论是"人间清旷之乐，不过如此"的西园雅集，还是"明月不知君已去，夜深还照读书窗"的兄弟相思，无论是"莫愁前路无知己，天下谁人不识君"的深情劝慰，还是"桃花潭水深千尺，不及汪伦送我情"的心意表白，都道尽了雅会的意义和友情的真谛。

习家池园林自建成之后，吸引了无数文人士大夫的相约同游和诗酒雅会，仿佛自然山水之趣和人文风情与文人士大夫之审美和情怀的不期而遇，碰撞出绚丽的智慧火花，形成了习家池丰富多彩的雅会文化。

习家池雅会文化经历了从东汉时期相对单一的修禊聚会到魏晋南北朝频繁的诗酒饮宴，再到唐宋元明清以登临观眺、寻友拜贤、诗酒唱和以及文艺品鉴等为主要内容的发展过程。

前文提到的"冠盖里"官宦名士聚会，堪称习家池雅会文化的源头，但是，史料中除载明大致时间、地点和人物数量外，并没有载明此次聚会活动的具体内容。

《襄阳耆旧记》载：

> 冠盖山。汉末，尝有四郡守、七都尉、两卿、两侍中（一黄门侍郎、三尚书、六刺史），朱轩高盖会山下，因名冠盖山，里曰冠盖里。

《太平御览》卷157"州郡部"引盛弘之《荆州记》曰：

> 岘山南至宜城百余里，旧说其间雕墙崇峻。汉灵帝末其中有卿、士、刺史二千石数十人，朱辕骈耀，华盖接阴，同会于太山庙下。荆州刺史行部见之，雅叹其盛，敕县号为冠盖里。

汉末，大族名士已成为社会的一支核心政治力量，深刻影响着三国

前后的中国历史。襄阳至宜城之间出现了一个仕宦云集的"冠盖里"豪族群，主要有襄阳蔡家、庞家、习家、杨家、黄家，以及族居中庐（今属南漳）的蒯家、居宜城的马家、向家等八大家族。冠盖里形成的官僚大族势力，甚至成为当时朝廷大员的依靠和倚仗。汉末新任荆州刺史刘表没有持诏从人道到当时的荆州治所江陵就任，而是寻小路直奔冠盖里，取得当地门阀蔡瑁、蒯越等人的支持，重建新的州城，平定寇乱，施行仁政，发展教育，重用人才，使襄阳从南郡的一个重镇跃升成为大荆州的政治、经济、军事、文化中心。

据考证，这次冠盖里聚会计有中央中级官僚 8 人，地方长吏 17 人，合总 25 人。冠盖里地理位置优越，生态环境宜居，交通方便，经济繁荣。而习家池是其中心或重要地标，是集会饮宴之所。天顺《襄阳郡志》称："冠盖里，在县南十里。……唐杜审言诗云：'冠盖仍为里，池台尚识名。'盖本诸此。"杜审言诗中的池台正是习家池。1985 年荆襄大道改建时，沿途曾发掘出 50 余座汉晋六朝墓，直接印证了冠盖里记载的真实性。襄阳冠盖里力量的形成和发展甚至直接影响了中国历史的走向。或许正是在这样的背景下，素有诗书传家传统的一大批习氏子弟脱颖而出，分别仕宦于魏、蜀、吴三国，登上了中国历史舞台。

魏晋南北朝时期，习家池雅会以诗酒饮宴为主要内容。前文说过，西晋镇南将军山简经常到习家池佳园嬉游聚饮，酣醉而归。而随着醉酒歌诗的不断翻唱，为习家池雅会文化注入了新的内涵。南朝时，梁简文帝萧纲在任南雍州刺史时驻守襄阳七年，他和幕下的高斋学士们把习家池作为聚会的首选目的地，经常游乐饮宴，写诗唱和。

唐代以后，习家池变身为公共园林，不仅依旧是文人士大夫游览雅聚的绝佳去处，而且成为普罗大众休憩娱乐的第一选择，成为雅俗共赏的风景名胜。习家池雅会文化因此而呈现出多元色彩。在流传下来的众多诗词作品中，有的写到襄阳民众的一些民俗活动，如上元观灯、穿天节、寒食踏青、重阳登高等，都选择习家池为活动场所。描写雅会的诗词则更多（见前），展现出习家池的自然生态幽美和活动的风雅情景场面。而那些阔论天地、畅谈古今、品茗吟咏、曲水流觞，是何等惬意的雅事！那些怀古感伤、酒浇块垒、互勉话别、诗赋唱和，又是何等凄美的画面！让人不由得发出"人生得一知己足矣"的感叹。虽然南宋之后习家池屡遭损毁，但其雅会文化并未消弭，恢复重建之日，更是生机勃发。

古往今来，习家池幽静的大山水自然环境犹如一块磁石，深深地吸引着一代代文人士大夫心驰神往，而文人士大夫在享受着自然之美带来的视觉和心灵愉悦感的同时，在吟诗作赋抒发情怀的交流活动中为自然环境注入了人文气息，又使得习家池扩大了影响力，日益成为襄阳乃至全国的著名风景游览胜地，让更多乐山乐水的人士慕名而来。这其实是一种"文因景成，景借文传"的文化现象。

第三节　祭祀文化

中国自古以来就是一个非常重视祭祀的国度。祭祀就是通过固定的仪式向神灵致以敬意，并且用丰厚的祭品供奉它，恳求神灵协助人们实现靠人力难以达成的愿望。祭祀的对象就是神灵，包括祭天、祭地、祭祖、祭圣贤等。这是中国古代祭祀文化的主要内容。

早期的祭祀没有固定的场所，随着祭祀的常态化规范化，逐步有了固定的场所，并有了详细的祭典理论和祭祀原则、标准，尤其对那些为国家建有不世功业的伟人，都给予特别的纪念和祭祀，用以褒扬忠烈、尊崇节义，追尊前古、立教将来。

前面介绍过的修禊，也称上巳节被禊，从《周礼》中来，带有巫术意味，原本是民间祭祀活动，后来皇帝受到影响也参与其中。东汉时，关于被禊的记载已相当详细，但其祭祀性质有所淡化，逐渐演变成官民共同的游乐盛事，祭祀的职能被清明节代替，甚至连清明节也发展出了踏青游玩的项目。宋元以后，被禊活动被模糊到只剩下永和九年在兰亭"曲水流觞"的雅说，以风雅的文人名士聚会的形式保留下来。

习家池是襄阳历史上修禊活动的最佳场所，虽然唐以前未见诸记载，而且现代的活动内容已经演变为三月三（清明节前后）吃野菜煮鸡蛋的习俗，但上巳节祭祖是习家池的传统保留项目。因为，随着习郁后人习凿齿的声名鹊起，尤其是他的正统史观在史学界地位的确立和上升，习家池在习姓家族中的威望日益提高，逐步形成了习氏的宗族文化，不仅每年都有大量的习氏后人前来瞻仰祭拜，而且有越来越多的社会各界人士纷纷来到这里缅怀先贤。习家池由此形成了以祭祖和祭圣贤为主要内容、以私祭和公祭并行为主要特征的祭祀文化。

习凿齿的忠君爱国思想所起到的稳定人心、净化风气的作用，为历代有识之士所重视和推崇，产生了"报功风教"的影响，因而对习氏名人的祭祀渐渐超出了家族私祭的范畴，改由官府或出资、或牵头修建祠堂、主持祭祀活动，习家池遂成为襄阳公共祭祀场所。

明代，对习氏前贤的祭祀除了习氏后人有家祠外，官方通常也辟有公祭。其祭祀的祠堂均建于习家池畔，成为习家池的重要组成部分，这既丰富了习家池的地面景观，也提高了习家池的地位。嘉靖年间（1522—1566年），湖广按察副使江汇在习家池旁增建了纪念习凿齿和杜甫的"习杜祠"，已带有公祭习氏先祖先贤、教化民众的性质。

清中期以后，一些重大的官方祭祀活动常在习家池举行。清道光六年（1826年），襄阳知府周凯对习家池进行整修时，将山简、习郁、习珍、习凿齿四人列为奉祀对象，并将"习杜祠"改为"习池四贤祠"，使其具备了习氏宗祠的性质，并使祠堂祭祀活动进入官府常态祭祀之列，习家池也因此在风景名胜供人们游玩怡情之外，家祠官祠祭祀并重，也担负起教化怡志功能。周凯对习家池祠堂祭祀原则的严谨重构，让一种严格的礼法制度和秩序重新回归了习家池，从而抹去了牵强附会的元素，重新建立了其应有的文化脉络和秩序。藉由此事产生的结果，无形中赋予了习家池新的功能属性和文化内涵，使习家池成了修禊祭祀的固定场所，深深地融入襄阳人的文化生活，并一直延续了下来。

第四节　佛教文化

　　襄阳地区佛教在历史上的地位常被忽视。实际上，东晋及南朝时期，由于习凿齿和释道安一俗一僧两位大师的联手推动，曾使得襄阳地区佛教一度十分繁荣，甚至成为全国的佛教文化中心（见《传经弘法》），很多著名的佛教徒在此活动，并对佛教的传播发展起了很大的促进作用。隋唐时期，襄阳佛教文化兴盛，后曾受到唐武宗"会昌法难"与周世宗灭佛的影响。进入北宋以后，襄阳佛教获得恢复性发展。至于南宋，频繁的战乱打破了佛教的宁静，襄阳佛教文化急剧衰落。明清时有所复苏。

　　魏晋南北朝时期，北方政局混乱，战火不熄，大批佛教徒相率南迁东晋境内。正是在这样的时代背景下，释道安应习凿齿的盛情邀请，率徒众400余人来到襄阳，开启了襄阳佛教的繁盛时代。在官方和民间的支持下，襄阳的佛教文化一时风头无两，直到北宋，道安建立的寺院大多尚被保留，而且有的寺院香火盛隆。

　　自晋以后，习家池周围逐渐形成了寺院群，分别有谷隐寺、白马寺、甘泉寺、砚石寺、卧佛寺、观音阁、凤林寺等，鳞次栉比，蔚为大观。《襄阳府志》谓之"一里一寺"。

　　随着佛教活动融入习家池，禅意便渗透进了风景园林，佛教文化氛围便弥漫在这里，佛教寺院与风景园林变得浑然一体。

　　谷隐寺在修建之前，道安曾派他的大徒弟慧远在习家池后山建起了甘泉寺，在南漳建起了如珠寺（府郡志均有载）。宁康年间（373—375 年），道安法师亲自主持修建了谷隐寺，这是道安法师亲自营建并入住过的四座寺院之一，也是襄阳影响极为深远的一座寺院。

　　谷隐寺位于凤凰山脚下谷地之中，规模宏大，庄重雄伟，坐落之地原为习氏祖产，景色幽美。清《湖北下荆南道志》卷 10 载："……习家池右，晋宁康中建。峰峦环抱，竹树萧疏，山寺之清幽者也。"其朝向为坐西朝东，建筑群由庑廊串联建筑单体构成，分成几个主次院落，错落有致，风格粗犷。藏经阁里满贮经卷，钟楼阁里悬钟一口。其晨暮钟声萦回于山谷之中，可谓钟鸣山更幽。寺前有两株银杏树，其特异之处在于一株树叶向上，一株枝叶向下，被附近居民称为"阴阳树"。北宋文人曾巩和李廌对谷隐寺有细致的描写（后文详述）。

　　谷隐寺堪舆风水聚合，加之历代有众多高僧大德主事，使其独具魅力，一度成为名人骚客游襄阳的一大胜地。晚唐、五代时在谷隐寺主事的有曹洞宗的智静禅师、知俨禅师，有临济宗的蕴聪禅师等等，其中蕴聪禅师，号慈照，南海人，北宋初年仍住持谷隐寺。天禧四年（1020 年），夏竦为襄州知州，请他到谷隐寺住持，后来成为蕴聪禅师的弟子。《续传灯录》记载："英公夏竦居士字子乔。自契机于谷隐。日与老衲游。"宋代住持谷隐寺的高僧，还有契崇禅师、法海禅师等。

　　除了以谷隐寺为代表的习家池周边寺院群外，北宋活跃的襄阳寺院还有开元寺，北周时为常乐寺，后名遍学寺，再名开元寺，曾巩作有《襄州遍学寺禅院碑跋》和《常乐寺浮图碑》，提供了禅院名称演变的相关信息。兴国寺，后改名延庆寺，曾巩作有《襄州兴国寺碑跋》。鹿门寺，嘉庆《大清一统志》卷 348 记载："鹿门寺，在襄阳县东南三十里，晋建。"宋庠作有《宿鹿门寺》，李廌作有《鹿门寺》。

　　明洪武十年（1377 年），僧人晋寿对谷隐寺进行了修建。清光绪十二

年（1886 年），谷隐寺的僧人等向当地的乡绅民众募捐筹款对谷隐寺残破的地方进行修补，对缺失的部分进行了重修，尤其是将前殿山墙两旁的神龛、罗汉、观音、韦驮、龙王、牛马二王，以及土神进行了修复。在本地各界人士长期的维修和保护下，谷隐寺才得以保持日久却常新的状态。

中华人民共和国成立初期，谷隐寺基址被辟为襄南监狱，但仍保留有大殿 5 间和两棵古银杏树。1960 年大殿被列为襄阳市文物保护单位。可惜，谷隐寺等一众寺院均已化为历史尘埃。谷隐寺基址前仅剩两株古银杏树仍长势繁茂，标识着古寺的方位。

从晋到宋，襄阳众多的寺院为文人与寺院之间发生联系提供了最基本的条件。而且，由于这些寺院的选址都与山水有关，许多寺院建在了流水萦绕之间，寺院建造精美，与山水彼此应和，这样既环境优美，又增加了寺院的灵气。因此，园林式寺院与佛教文化深深地吸引了众多文人名士的频频造访，促进了佛教文学的发展。借助当年文人的诗文，我们可以领略到山寺和谐静谧的意境。尤其是北宋文人，徜徉于襄阳地区和平与繁荣的环境，他们中有一部分文人拜访佛寺，并非只为游赏，还为拜会寺中的僧人，而且往往与在襄僧侣有一些交往唱和之作。这是一道别样的文化图景，是佛教的传播对人们社会生活产生影响的结果，已经成为襄阳文化的一部分，流传了下来。

第五节　农耕文化

　　农耕文化是中国存在最为广泛的文化类型，是中国传统文化的根基。中华文明以农耕文明为基础，中华民族的一切文明成果，无不携带和传承着农耕文化的基因。习家池也不例外，从其诞生之日起，就深刻地打上了农耕文化的烙印。

　　东汉时期，文人士大夫心目中的理想家园是：背靠青山、面临溪流建庄园，四周有竹林、树林、泉池环绕；拥有百亩良田，饲养家禽牲畜，屋前有菜圃，屋后有果园，出行有舟车代步……东汉末年著名隐士仲长统曾描述过理想庄园的景象："使居有良田广宅，背山临流，沟池环匝，竹木周布，场圃筑前，果园树后。"这种具有浓厚农耕文化色彩的"富足生活"，正是习郁当年兴建习家池所追求的初衷。

　　习家池是基于农耕文化而修建的私家园林，而历朝历代围绕农耕文化做了大量文章。正如清陈锷编纂《襄阳府志》所言："耕田、种药、养亲以自怡。幽暇足以去凡心，鱼虾足以慰饥肠，汲泉漱齿，临溪濯足，天光云影，相与徘徊，则夫洒然而忘世，以自附于古人无求者之列，是诚可乐焉。"

　　起初，习家池从设计到兴建就遵循了合理利用资源、便利农耕的原则。比如在植物种植方面，习郁就地取材，选择襄阳本土易于成活、生长的作物和树木花草栽种。而在水利灌溉方面，习郁更是独具慧眼，他在汇

多股天然泉水入池，便于自家生产生活用水之后，不仅没有造成环境破坏，导致水土流失等后果，相反，建成后还为下游的水利灌溉留足了空间，这种维护自然生态、利己同时利人的行为是十分难能可贵的。

后世习家池屡毁屡修，农耕的主题从未圮废。

从一些诗文中得知，习家池在唐宋时期种植的植物应该有桑树、枇杷、橘树、柳树、柘树及芙蓉等。唐朝时，襄阳郡上贡的物品中有"柑"和"橙子"记载。宋朝时，朝廷大力发展种植农作物，如桑树、枣树等。欧阳修《乐哉襄阳人送刘太尉从广赴襄阳》一诗中，用了大量的篇幅描写他在襄阳所见的美好风物："罗縠纤丽药物珍，枇杷甘橘荐清樽。磊落金盘烂璘璘，槎头缩项昔所闻。黄橙捣齑香复辛，春雷动地竹走根。锦苞玉笋味争新，风林花发南山春。掩映谷口藏山门，楼台金碧瓦鳞鳞。岘首高亭倚浮云，汉水如天泻沄沄。斜阳返照白鸟群，两岸桑柘杂耕耘。"诗的最后两句描写了在岘山周围，以及汉水两岸都种植了大片的桑树和柘树。由此可以看出，习家池在唐宋时期，其园内及周边的植物十分丰富，也很茂密。

北宋曾巩在襄阳任职期间，襄阳地区曾遭遇严重的旱情。他曾作多篇祈雨文，而在天降大雨之后，又作了多篇谢雨文。曾巩在考察了长渠（白起渠）和习家池之后，提出了自己的看法，认为水利的修缮应该对地区的山川形势进行实地调查研究，了解古今异同之后再实施，才能得到更好的功效。很显然，长渠和习家池的水利灌溉系统给了曾巩有益的启示。

明嘉靖以前，习家池及其所在的白马泉水网水源丰富，山后多股泉流水量丰沛，泉水从岩缝中流出后顺山坡而下。顺着泉溪是一幅"坡麓曼衍，水洄漩渟潴，洋演沦曲，奇石磊块，激发琼佩，青林媚葆，荫映光景，窈乎靓，沈乎清"（南宋尹焕《习池馆记》）的壮丽景观，反映出当时的山冲尚处于自然状态，植被茂盛。泉水除供给习家池常年不涸外，也灌溉下游的田地。

白马泉以下原本建有水利工程，灌溉渠有20多里长，可灌溉习家池下游沿途的田地百余顷。但是，嘉靖皇帝北上京城即位时，因修御道破坏了旧渠以致淤塞。万历年间（1573—1620 年），习家池灌溉恢复工程曾被提上议事日程。据明代知府万振孙《水利议》："凤凰山官泉，先年泉水通渠，南流至白马铺二十里，灌溉军民田地百余顷。"他组织讨论了当地的灌溉资源与水利事业，认为当时襄阳县最有必要兴修的水利工程是利用习家池不竭的泉水，修建灌溉其下游几千亩田地的灌溉渠，还议定了行水路线、工程规划设计、派工及费用筹措办法等。但直到清道光五年，在襄阳知府周凯的倡导和推动下，习家池才得到了比较彻底的疏浚，重要的是同时修复了上述水利工程，使习家池以下汉江西岸的上百顷田地重新能够得到灌溉。周凯十分重视当地农业生产，还大力推行在汉水之滨种桑养蚕。他对习家水池进行修缮和扩建，用作灌溉民田的蓄水池，在池东、西设二石洑，以控启闭，恢复了习家池在东汉营造之初就具备的灌溉功能。

习家池之水取之自然，回馈于自然，最终又归于自然，体现出了一种生态理想。习郁建池之初，引水自白马泉，水流自山势而下，其间滋润了自然植被，又灌溉了宅边田地和植物，汇集至两池，后流入汉水，形成了一条无形的生态流线。习家池鱼池的营造也是以功能性为主，采用了汉代较为普遍的方形池。直至清代周凯重修习家池之时，重新赋予了习家池灌溉的功用。这种取之于自然，又回馈于自然的营造理念在习家池演变的历史上再次成了重要主导思想，可以说周凯抓住了让习家池持续发展的关键，更何况习家池自古以来一直是以利民而存在的，这种生态理想以及利民的原则也是习家池营建中所体现的独特理念之一。

20 世纪 70 年代以前，习家池泉源尚完好，周凯主持修复的水利工程犹存。可惜的是，随着对习家池后山冲的开垦，加之打井、修路等原因，水量逐渐减弱。特别是 1969 年修建焦（作）枝（城）铁路时，为了铁路路基的稳固，大量堵塞沿途泉眼，到 1975 年，其行水路线遗迹也因此而隐失。因此，现在所看到的习家池泉水及灌溉体系已不可与当年同日而语。

习家池秋色

第六章
诗词咏赞

习家池以其幽静典雅的自然风貌及其蕴藉的隐逸修身、治学重思等文化内核，加之襄阳习氏名望的影响，在习家池举行的文人活动使习家池的文化内涵不断加深，频频造访的名人名家挥洒丹青妙笔，题咏习池美景逸事流风之诗词不可胜计，自南北朝至近现代，连篇累牍，蔚为大观，甚至不管到没到过习家池，而以此"蹭流量"者也不乏其人。浏览和赏析其中的精彩篇章，依稀可见历史上习家池的风韵景致和沧桑变迁，给人以绝美享受。

要完全读懂咏赞习家池的诗词，晋时的童谣《山公歌》是需要首先全面了解的：

> 山公出何许？往至高阳池。
>
> 日夕倒载归，酩酊无所知。
>
> 时时能骑马，倒着白接䍦。
>
> 举鞭问葛强，何如并州儿？

这首童谣出自《晋书·山简传》《世说》《类聚》《御览》

《乐府诗集》《诗纪》等均有载，并作襄阳儿童歌。《舆地纪胜》中作古白铜鞮歌。白铜鞮：歌名，相传为梁武帝所制，一说为流行于襄阳一带的南朝童谣名。可见，这首童谣流布广远！

山简（253—312），字季伦，是西晋著名文学家、"竹林七贤"之一的山涛的第五个儿子。《晋书·山简传》记载："永嘉三年，出为征南将军，都督荆、湘、交、广四州诸军事、假节，镇襄阳。于时四方寇乱，天下分崩，王威不振，朝野危惧。简优游卒岁，唯酒是耽。诸习氏，荆土豪族，有佳园池，简每出嬉游，多之池上，置酒辄醉，名之曰高阳池。"日夕倒载归：也作"日暮倒载归"，说山简酒醉倒着骑马而归。白接䍦：以白鹭羽为饰的帽子，泛指白色的头巾。葛强：山简之爱将。并州（古九州名，约今河北保定和山西太原、大同一带）人。相传古代并州人尚武，性格强悍，善于骑射，常被朝廷选作御林军。

山简每饮必醉而为人所笑的故事成为中国文学史上一个著名的典故。后来诗歌中频频出现的"山公""山翁""倒载""接䍦"等都出自于此，习家池也伴随着这些词汇而为历代文人所钟爱，因而驰誉天下。最后两句的意思是说，山简醉酒后倒骑在马上，得意扬扬地问他的部将葛强："你看我的酒量跟你这个并州人比怎么样？"

山简为什么终日醉饮习家池，是优游不迫、垂拱而治的

荷花池秋色

"任诞"？还是末世情结，看穿了前途？抑或就是嗜酒如命？中国历史上，以好酒而著名的封疆大吏，山简是个奇迹。其实，《晋书·山简传》对山简给予了充分肯定。第一，山简在为尚书左仆射，领吏部时，想让朝廷拓宽选拔任用人才之路，曾上疏"令朝臣各举所知，以广得才之路"，此举备受称赞，史学家把他的疏表载于史册，流传千古。第二，他忠于晋朝皇室，在匈奴贵族刘聪入寇洛阳，京师危急之际，他派兵救援，虽然未能获胜，但表现了他的耿耿忠心。第三，洛阳陷落后，华轶在江州（今南昌）作乱，有人劝他讨伐，山简说："华轶乃我之旧友，我岂能攻伐他？"表现了他重情笃厚的一面。第四，有一天山简举行宴会，僚佐中有人劝他令避难于沔汉的乐府伶人奏乐以助兴，他说："社稷倾覆，不能匡救，有晋之罪人也，何作乐之有！"因流涕慷慨，坐者皆感到羞愧万分。说明他是一个心忧天下社稷的人。而同时，朝廷也认可了他，山简去世时，年 60 岁，被追赠为征南大将军、仪同三司。如此看来，他在襄阳的失态举止，就可以理解了。山简在皇室衰弱，王威不振，朝野危惧的情势下，空有一腔报国志，却不能够匡救社稷，其内心的焦虑、忧愁、苦闷是何等的沉重！当然，山简的这种态度不足为后人效法。

　　了解了这些背景，或许有助于我们更加深入地解读习家池诗酒文化的蕴含。

第一节　南朝初咏

现在能查找到的早期咏习家池的诗为数不多，但都是以赞美习家池和山简为基调的。最早游览习家池而留下诗歌的文人，当是南朝梁简文帝萧纲及其高斋学士。萧纲是梁武帝第三子，文学家，是主持编撰《文选》的昭明太子萧统的弟弟。萧纲于523—530年在襄阳任南雍州刺史时，其属下文人庾肩吾、刘孝威、江伯摇、孔敬通、申子悦、徐昉、徐摛、孔铄、鲍至等并充学士，抄撰众籍，编著《法宝联璧》，丰其果馔，号为高斋学士。他们经常出游习家池，写诗奉和。至今，我们还能看到当时的部分诗作，如萧纲的《春日想上林诗》：

春风本自奇，杨柳最相宜。
柳条恒着地，杨花好上衣。
处处春心动，常惜光阴移。
西京董贤馆，南宛习郁池。
荇间鱼共乐，桃上鸟相窥。
香车云母幰，驶马黄金羁。

这是一首描写春天景象和情感的诗，风格清新、明快、淡雅。作者通

过描绘春风、杨柳、杨花、荇草、桃花等自然元素，表达自己对美好春光和充满生机的季节的喜爱之情，同时表现出对时间流逝的惋惜和不舍。董贤（前23—前1）是汉哀帝刘欣的"帅哥"宠臣，出则与帝同骖，入则与帝同卧。赏赐巨万，贵倾朝廷。诗中以"董贤馆"与"习郁池"对举，可见习家池富丽之盛。这些地方可能是作者日常生活所在的环境或经常游玩的场所，也可能只是为了增加诗歌的情趣和文化气息而引入的。最后两句则表现了一种奢华的场面，可能是描写某种宴会或盛大的活动。

高斋学士庾肩吾之子庾信（513—581），是由南入北的最著名的诗人，他的诗直接影响着唐代的诗风，一定程度上可说是唐诗的先驱。他至少在四首诗中写到山简醉酒习家池，《杨柳歌》是他的代表作，其中有"不如饮酒高阳池，日暮归时倒接䍦"之句。在《咏画屏风诗》中写道："非是高阳路，莫畏接䍦斜。"又在《对酒歌》中写道："山简接䍦倒，王戎如意舞。"王戎是西晋大臣，与山简之父山涛同为"竹林七贤"成员，"竹林七贤"都能饮酒，山简承其风习，把饮酒的兴致发挥到了极致。庾信还写过一首《卫王赠桑落酒奉答诗》：

愁人坐狭斜，喜得送流霞。
跂窗催酒熟，停杯待菊花。
霜风乱飘叶，寒水细澄沙。
高阳今日晚，应有接䍦斜。

这首奉答诗描写了秋日饮宴的情景，最后借用山简酣醉高阳池"倒着白接䍦"的典故表情达意。

第二节　唐宋盛咏

唐宋是我国诗词文化最鼎盛的时期。习家池风景秀美、文脉深远，加之常有修禊聚会、雅集饮宴等活动，很自然地成为诗人词客们争相歌咏吟唱的重要对象之一。尤其习家池、山简醉卧作为一个潇洒不羁、超然物外的隐逸文化象征频繁地被文人吟诵。据粗略统计，前后至少有180多位唐宋诗词文学家为习家池留下了或赞美、或咏怀、或用其典故的诗篇。

一、唐朝代表性诗咏

大唐时代，记载习家池的资料比较缺乏，似不及汉晋时繁盛，但众多著名文学家、诗人都是习家池的常客。杜审言、孟浩然、王维、李白、贾岛、皮日休等一干魁星迤逦而至，纵情山水，且觞且咏，悠哉乐哉。他们用手中的笔镂月裁云，生动地记录和描绘了习家池聚会、饮宴、赋诗的情景。当然，他们写的诗不仅仅局限于习家池，但往往与习家池相关联。

杜审言（约645—708），是晋征南将军杜预后人，杜甫的祖父，"近体诗"的奠基人之一。他是襄阳人，对习家池及其周边景物再熟悉不过了，一首《登襄阳城》写出了当年习家池的秋日景象：

旅客三秋至，层城四望开。

楚山横地出，汉水接天回。

冠盖非新里，章华即旧台。

习池风景异，归路满尘埃。

全诗写出了旅客于三秋（九月）时节登上襄阳城高高的城楼后的所见所感，最后两句说，习家池一带风景异常优美，去游赏的人很多，归来时，车马扬起了阵阵尘土。表明当时习家池是最为热门的游玩之处。不过也有人说，最后两句的意思是：习池的风景已与当年不同了，不再有那种清幽之美，归路所见，满目尘埃。但这种解释与前面营造的意境不相符。章华，台名，春秋时期楚灵王所筑。

初唐诗文革新人物之一的陈子昂（661—702），有一首《晦日重宴高氏林亭》的诗，虽然貌似与习家池无关，但借习家池作比，其中的四句是："象筵开玉馔，翠羽饰金厄。此时高宴所，讵减习家池。"意思是："重宴"席面豪华，美食美酒，此时的高氏林亭（宴所）一点也不逊色于习家池。这从侧面证明，当时的习家池乃高雅饮宴之所。类似这样的写法，咏赞习家池的唐诗还有不少，如李颀（690—751）的《送皇甫曾游襄阳山水兼谒韦太守》诗最后两句："逢君立五马，应醉习家塘。"意思就是说，和您（太守）相逢，应该在习家池（那样的高雅场所）设酒宴相待，一醉方休。

家住习家池附近的涧南园的盛唐诗人孟浩然，尽管一生漂泊，八方宦游，但他最眷恋的还是故乡。孟浩然性爱山水，喜泛舟，"我家南渡头，惯习野人舟。"邀三五好友，从涧南园出发，选择周边游的最佳路线有两条：一是泛舟汉水二十里到东南方向的鹿门山，"结缆事攀践"，然后下山再登舟，经鱼梁洲到凤林古渡，舍舟登岸回家，一路上领略山光水色、佛谛禅音；二是就近步行，沿岘山南麓往返于涧南园和习家池之间，赋诗唱和，饮宴游园。正是在这三地联结构成的如画"金三角"，孟浩然沉浸在盛唐时代的田园牧歌般的乐趣之中，放飞着自己的性情。他曾经多次在习家池聚会宴饮，或为朋友饯行，即便是羁旅在外，也怀念习家池。孟浩然留存作品中，描写习家池的诗作多达十首。

孟浩然视习凿齿为楷模，他与名流一起凭吊习凿齿遗踪后写的《齿坐呈山南诸隐》（见前），对前贤习凿齿留下来的高风亮节景仰有加。而他的好友张子容也视他为习凿齿。张子容家住白鹤岩，也在习家池附近。二人为通家之好，曾同隐鹿门山，诗篇唱答颇多。先天元年（712 年），张子容举进士，孟浩然专门写诗为他送行。张子容登进士第后，初任晋陵县尉，后来被贬为乐城尉。孟浩然时常怀念这位"平生好""远从政"的乡友，并作诗寄之诉说衷肠。开元十九年（731 年）岁末，孟浩然造访了这位远在海滨的乡友，并在其家中过年。二人诗酒唱和，十分融洽。张子容有一首《乐城岁日赠孟浩然》诗，是他在新年的第一天写给孟浩然的，诗的前六句写景和风俗人情，最后说"更逢习凿齿，言在汉川湄"，就是指他被贬为乐城尉后与孟浩然相逢的事，而以习凿齿借称孟浩然。

孟浩然应当是咏习家池最多的襄阳籍著名诗人，除了前面引用的以外，还有很多写到习家池的诗，体现了其"隐者自怡悦"的清淡自然诗风。在《张七及辛大见访》诗中写道："山公能饮酒，居士好弹筝。"在《宴荣山人池亭》（一作《宴荣二山池》）诗中写道："山公来取醉，时唱接篱歌。"在《冬至后过吴张二子檀溪别业》诗中写道："停杯问山简，何似习池边？"在《寄裴司功员司士见寻》（一作《裴司士见访》）诗中则写得别有情趣：

府僚能枉驾，家酝复新开。
落日池上酌，清风松下来。
厨人具鸡黍，稚子摘杨梅。
谁道山公醉，犹能骑马回。

诗人用农家酒食招待宾客，主人、宾客、稚子满屋欢悦。结尾二句借山简酒醉依然能骑马回家的典故来表达自己的惬意和率性，又多了一些豪放，可见作者风格的另一面。全诗刻画细腻，措辞巧妙。

前文提到过，孟浩然还有一首描述习家池"今非昔比"的诗，这就是《高阳池送朱二》：

> 当昔襄阳雄盛时，山公常醉习家池。
>
> 池边钓女日相随，妆成照影竟来窥。
>
> 澄波澹澹芙蓉发，绿岸参参杨柳垂。
>
> 一朝物变人亦非，四面荒凉人住稀。
>
> 意气豪华何处在，空余草露湿罗衣。
>
> 此地朝来饯行者，翻向此中牧征马。
>
> 征马分飞日渐斜，见此空为人所嗟。
>
> 殷勤为访桃源路，予亦归来松子家。

想当年襄阳鼎盛的时候，山简常常到习家池醉酒高歌。邻近的渔女相伴来梳洗，妆成争相照看水中倩影。池中清波荡漾荷花开，堤岸绿柳披拂软软垂。忽然时过境迁人散尽，池周围一片荒凉人烟稀。当年的豪情繁华今何在？只留下杂草丛丛露水湿人衣。原本早晨饯别行人的处所，如今变成放牧军马的草地。征马东奔西突太阳渐西斜，此情此景只能叫人空叹息。诚恳而来是为寻找通向世外桃源之路，既然如此，只好归去，回到"赤松子"的家里隐逸。

习家池往日的绮丽繁华，与眼前的空寂冷落，形成鲜明的对照。实际上，这时的习家池并不如诗中所写的那么荒凉，诗人为了抒发自己的思想感情，表达盛衰无常，聚散匆匆的送客之意，故而为之。结尾借景抒情，表达了自己的归隐恬淡之心，也可说是孟浩然心中的理想与现实之间的矛盾写意。不过，诗中也流露出如下信息：晋代的襄阳，其雄盛和繁华是胜于盛唐之初的。"山水观形胜，襄阳美会稽。"孟浩然赞美襄阳胜迹如林，其美超过会稽。

与孟浩然合称"王孟"的"诗佛"王维（701—761），写过一首最能体现其"诗中有画"诗风的咏赞襄阳的《汉江临眺》（一作《汉江临泛》）诗，最后一句借用习家池的典故巧妙作结：

> 楚塞三湘接，荆门九派通。
> 江流天地外，山色有无中。
> 郡邑浮前浦，波澜动远空。
> 襄阳好风日，留醉与山翁。

开元二十八年（740年），也就是孟浩然去世的那一年，40岁的王维途经襄阳作此诗。首联：汉江流经楚塞又折入三湘，入荆门往东而与长江九派（众多支流）汇聚合流。将不可目击之雄浑壮阔景象一笔勾勒，整个画面气势如虹。颔联：以山光水色作为画幅的远景。前句写出江水的流长邈远，后句又以苍茫山色烘托出江势的浩瀚空阔。颈联：诗人的笔墨从"天地外"收拢，笔法飘逸流动。"浮""动"两个动词用得极妙，使诗人笔下之景都动起来了。尾联：诗人要与山翁（即山简）共谋一醉，流露出对襄阳风物的深情热爱。此情也融合在前面的景色描绘之中，充满了积极乐观的情绪和流连忘返的情意。

这首诗给我们展现了一幅色彩素雅、格调清新、意境优美的水墨山水画，是历代文人写江汉景象的佳作。《唐诗成法》："前六雄俊阔大，甚难收拾，却以'好风日'三字结之，笔力千钧。"

唐代伟大的浪漫主义诗人，"诗仙"李白（701—762）曾在湖北安陆县寓居十年之久，在此期间不止一次游历襄阳，并留下许多著名诗篇。李

白特别爱饮酒作诗，在这里，他把习池醉酒推向了极高的境界，怎一个"浪漫"二字了得！

《襄阳曲四首》：

（一）

襄阳行乐处，歌舞白铜鞮。

江城回渌水，花月使人迷。

（二）

山公醉酒时，酩酊高阳下。

头上白接䍦，倒著还骑马。

（三）

岘山临汉水，水渌沙如雪。

上有堕泪碑，青苔久磨灭。

（四）

且醉习家池，莫看堕泪碑。

山公欲上马，笑杀襄阳儿。

这四首诗是作者借乐府旧题"襄阳曲"而创作的组诗。

在一组诗中用两首来写习池醉酒之事（第二和第四首），可见李白对山简醉酒的钟情。尤其是他竟然喊出了"且醉习家池，莫看堕泪碑"的惊人之语！"且醉习家池"当然可以，但"莫看堕泪碑"则为不可，因为以羊祜为楷模，建功立业是封建社会文人梦寐以求的理想。这里李白反其道而用之，说明他与山简志趣相投，表现了他放诞纵酒、及时行乐的处世态度。在襄岘汉水背景之下，一个怀着未醉之心的醉翁形象，栩栩如生。李白的这四首诗，既可见其性情，又可见其诗风。

《襄阳歌》：

落日欲没岘山西，倒著接䍦花下迷。

襄阳小儿齐拍手，拦街争唱《白铜鞮》。

旁人借问笑何事，笑杀山公醉似泥。

鸬鹚杓，鹦鹉杯。

百年三万六千日，一日须倾三百杯。

遥看汉水鸭头绿，恰似葡萄初酦醅。

此江若变作春酒，垒曲便筑糟丘台。

千金骏马换小妾，醉坐雕鞍歌《落梅》。

车旁侧挂一壶酒，凤笙龙管行相催。

咸阳市中叹黄犬，何如月下倾金罍？

君不见晋朝羊公一片石，龟头剥落生莓苔。

泪亦不能为之堕，心亦不能为之哀。

清风朗月不用一钱买，玉山自倒非人推。

舒州杓，力士铛，李白与尔同死生。

襄王云雨今安在？江水东流猿夜声。

这首诗作于开元二十二年（734年），表现了诗人纵情诗酒的豪放，也表现了对功名富贵的藐视。全诗大意：红日西沉，将没于岘山之西，我戴着山公的白帽子在花下饮得醉态可掬。襄阳的小儿一起拍着手在街上拦着我高唱古歌《白铜鞮》。路旁之人问他们所笑何事？他们原来是笑我像山公一样烂醉如泥。提起鸬鹚杓把酒添得满满的，高举起鹦鹉杯开怀畅饮。百年共有三万六千日，我要每天都畅饮它三百杯。遥看汉水像鸭头的

颜色一样绿，好像是刚刚酿好还未曾滤过的绿葡萄酒。此江之水若能变为一江春酒，就在江边筑上一个舜山和酒糟台；学着历史上的曹彰，来一个骏马换妾的风流之举，笑坐在马上，口唱着《落梅花》；车旁再挂上一壶美酒，在一派凤笙龙管中出游行乐。那咸阳市中行将腰斩徒叹黄犬（悔恨贪富贵而取祸典故）的李斯，怎么比得上我在月下自由自在地倾酒行乐？您不是见过在岘山上晋朝羊公的那块堕泪碑吗？驮碑的石龟头部剥落，长满了青苔。我既不为之流泪，也不为之悲哀。这山间的清风朗月，不用花钱就可任意地享用，既然喝就喝个大醉，如玉山自己倾倒不是人推。端起那舒州杓，擎起那力士铛，李白要与你们同死生。楚襄王的云雨之梦（战国楚宋玉《高唐赋》典故）哪里去了？在这静静的夜晚所能见到的只有月下的江水，所听到的只有夜猿的凄啼之声。

唐至明代，共有五位名家以《襄阳歌》为诗题，颇值得玩味。李白这首诗在千百首习池醉酒诗中，堪称极品。诗的前六句描绘了一幅"山公醉归"、自然而和谐襄阳人家的生动图画，俨然温馨而静谧街头小景的真实写照。山公醉了，人们也都陶醉在山公的醉意中了。"百年三万六千日，一日须倾三百杯"是李白的豪言壮语，为其他饮酒者所望尘莫及。接下来，李白把滔滔汉江水比作刚刚酿造好的葡萄美酒，其想象之丰富，深蕴天真烂漫之情趣。"清风朗月不用一钱买，玉山自倒非人推"二句，活现了主人公潇洒倜傥之风度。"玉山自倒"的典故源自山涛对竹林七贤之一嵇康的称许："嵇叔夜之为人也，岩岩如孤松之独立；其醉也，巍峨若玉山之将崩。"后世欧阳修曾称此为"惊动千古"之句。如果说开篇描绘的是"山公醉归"图画的话，那么这里勾勒的便是"太白醉酒"的浪漫情怀。

这首《襄阳歌》不愧为一曲习池醉酒的千古绝唱！

与孟郊齐名的"苦吟诗人"贾岛（779—843），有一首记叙其信马行至汉水岸边观感的诗《行次汉上》：

堕泪碑

习家池沼草萋萋，岚树光中信马蹄。
汉主庙前湘水碧，一声风角夕阳低。

　　前面写习家池萋萋荒草，汉主庙前静静流水，已使人觉得萧条冷落，最后加上"一声风角夕阳低"，更使人感到凄凉寂寞。这与孟浩然的那首《高阳池送朱二》如出一辙，是大历二年（767 年）习家池修缮后不久就又破败了，还是贾岛当时也怀着与孟浩然同样的心境？似乎更像是后者，因为晚唐时代未见有习家池修缮的记载，却有众多诗人歌咏习家池美景的

诗。汉主庙指祀刘备庙，旧址在习家池西北方向的真武山上。湘水即襄水。风角是指随风传来的牛号角声，过去放牧人常吹牛角号以挥赶牲畜。

晚唐诗人、文学家皮日休（约838—约883），一首描绘习家池及其周边景色的山水诗《习池晨起》，写得有声有色：

清曙萧森载酒来，凉风相引绕亭台。

数声翡翠背人去，一番芙蓉含日开。

荚叶深深埋钓艇，鱼儿漾漾逐流杯。

竹屏风下登山屐，十宿高阳忘却回。

诗中记载了文人们在习家池举行曲水流觞活动的情景。此诗采用动静结合的写法，"数声翡翠背人去"是动中写静；"一番芙蓉含日开"是静中写动。诗中的翡翠是指一种翡翠绿羽毛的小鸟。登山屐亦名谢公屐，专门用来登山的木鞋。（见《宋书·谢灵运传》）

比皮日休稍晚的诗人吴融（850—903）在《高侍御话及皮博士池中白莲因成一章寄博士兼奉呈》一诗中，在把"皮博士池中白莲"描绘成"瑶池仙葩"一般后写道："习家秋色堪图画，只欠山公倒接䍦。"表明习家池秋天的景色尚且可以入画，春夏风光当更加迷人。皮博士即皮日休。

歌咏习家池的唐代诗人还有李百药、胡曾、崔涂、齐己、颜荛、灵一、郑锡、李益等。李百药的《王师渡汉水经襄阳》诗中有"山公不可遇，谁与访高阳"之句。胡曾在《高阳池》诗中写道："古人未遇即衔杯，所贵愁肠得酒开。何事山公持玉节，等闲深入醉乡来？"后两句说山简身为国家重臣（并非怀才不遇者），为什么也随便饮酒游乐，沉溺于醉乡呢？这是为数不多的一首与赞赏山简之作派者"唱反调"的诗。崔涂在《初渡汉江》诗中写道："为报习家多置酒，夜来风雪过江寒。"不言"主人"或"酒家"，而用"为报"的寄语方式，怀古情绪中带几分豪侠，饶有情致，耐人寻味。郑锡在《襄阳乐》诗中写道："春生岘首东，先暖习池风。"让人联想到"春江水暖鸭先知"，苏东坡的《惠崇春江晚景》可能就是受此句的启发吧！

唐人以山公醉酒为典故入诗的更多。"诗圣"杜甫（712—770）就至少有十二首诗写到习家池。如《章梓州水亭》中的"荆州爱山简，吾醉亦长歌"、《送田四弟将军将夔州柏中丞命起居江陵节度…郡王卫公幕》中的"空醉山翁酒，遥怜似葛强"、《从驿次草堂复至东屯二首》中的"非寻戴安道，似向习家池"、《玉腕骝》中的"举鞭如有问，欲伴习池游"、《初冬》中的"日有习池醉，愁来梁甫吟"、《将赴成都草堂途中·其二》中的"习池未觉风流尽，况复荆州赏更新"、《宇文晁尚书之甥崔彧司业之孙尚书之子重泛郑监前湖》中的"不但习池归酩酊，君看郑谷去沉绵"、《清明》中的"马援征行在眼前，葛强亲近同心事"等等，说明他对习家池的关注是相当殷切的。襄阳是杜甫的祖居之地，他"清思汉水上"，欲留迹襄阳、晚年定居习池附近的愿望在他的多首诗中都有体现。然而一直未能到襄阳，终成诗人一生憾事，但拳拳爱乡之情，却充溢于字里行间。难怪后人要于习家池建"习杜祠"，以祭祀这位伟大的现实主义诗人。

杜甫还有一首题为《王十七侍御抡许携酒至草堂奉寄此诗便请邀高三十五使君同到》的诗，山简醉酒的典故竟成了他邀请人喝酒的"由头"之一：

> 老夫卧稳朝慵起，白屋寒多暖始开。
> 江鹳巧当幽径浴，邻鸡还过短墙来。
> 绣衣屡许携家酝，皂盖能忘折野梅。
> 戏假霜威促山简，须成一醉习池回。

岘首雄姿

上元二年（761年），当时杜甫寓居成都草堂。杜甫与侍御史王抡相见，王抡许诺要和高适（高三十五使君，时任蜀州刺史）一起到草堂拜访杜甫，可是过了不少日子，仍不见王抡来，杜甫便以诗代书，催王抡践诺。诗的大意是，俺睡觉安稳早上懒得起，因天冷草堂柴门天暖才开。正对门前小径能看到鹡鸰在江上洗浴，邻家鸡还飞过院墙到俺家院子来。您多次承诺带上家中藏酒，高刺史还能忘了折梅送春？请借您寒霜肃杀之威催促高刺史，一起到俺家一醉方回！前二联营造了一个适合聚会的舒适环境，后二联激将。不久后，王抡果然邀请高适一起来到草堂，和杜甫畅叙共饮。后面连用"绣衣""皂盖""折野梅""山简"等典故，让人眼花缭乱。诗中的山简借指高适，习池借指草堂。

著名的边塞诗人岑参（约715—770），也有不少诗写到习家池。诸如《饯工岑判官赴襄阳道》中的"津头习氏宅，江上夫人城"、《与鲜于庶子泛汉江》中的"山公醉不醉，问取葛强知"、《登凉州尹台寺》中的"应须一倒载，还似山公回"等诗句，都是借习家池山简醉酒来抒发感情的佳句。他还写过一首送别诗《送襄州任别驾》，由眼前的分离和忧伤生发感慨，最后借用山简醉酒典故慨叹人生，引人共鸣：

> 别乘向襄州，萧条楚地秋。
> 江声官舍里，山色郡城头。
> 莫羡黄公盖，须乘彦伯舟。
> 高阳诸醉客，唯见古时丘。

永泰元年（765年）11月，岑参因故被贬官。仕途的波折使他产生了一种虚无感，这种虚无感便体现在这首诗中。首联：朋友任别驾（别乘）即将启程赴襄州，此时正值深秋，楚地一派萧条寂寞，这样的天气使人悲伤，何况又逢离别，几多离愁、几多感慨涌上心头，这为全诗奠定了情感基调。颔联：诗人与朋友在官舍中作别，紧邻的大江滔滔江声传来，使人联想到滔滔流逝的时间，此时此刻，诗人眺望秋山绵绵，层林尽染，更加增添别样的忧愁，不知此时一别，何时才能再相逢。颈联：临别之际，诗人给朋友送上了赠言，不要羡慕曾在襄州镇守的黄公盖的功业，要像当年才华横溢的袁宏（彦伯舟）那般，有在月夜吟诗的闲情逸致。诗人化用典故，流露出自己的人生态度：人生在世，适意而已。尾联：诗人追古抚今，又想到曾在襄州的山简，如今斯人已矣，放眼四顾，唯有几处荒丘，令人感伤，诗人的慨叹发人深省。

以山公醉酒典故入诗的唐代著名诗人还有李峤、张继、戴叔伦、韦应物、李益、刘禹锡、白居易、许浑、段成式、温庭筠、李商隐、罗隐、韦庄等许多人诗人。李峤的《池》诗中有"彩棹浮太液，清觞醉习家"之句。韦应物善于写景和描写隐逸生活，他在《对芳尊》中写道："对芳尊，醉来百事何足论。遥见青山始一醒，欲著接䍦还复昏。"赞赏山简的处事态度，"但愿长醉不复醒"。"诗豪"刘禹锡写有"今日山公旧宾主，知君不负帝城春""自羞不是高阳侣，一夜星星骑马回"等吟咏高阳醉酒的诗句。"诗魔"白居易，有一位朋友送给他一匹光洁稳善的马，他想到了山简，于是写下了"不蹶不惊行步稳，最宜山简醉中骑"的诗句。温庭筠为"花间派"首要词人，他的《题友人池亭》先描写池亭动中有静的景色，最后化用山简典故，"山翁醉后如相忆，羽扇清樽我自知"，仿佛是一篇习家池赋。

许是爱屋及乌的缘故吧，唐代诗人还写了许多与习家池密切相关的谷隐寺以及释道安和习凿齿的诗。比如，张说写的《襄州景空寺题融上人兰若》盛赞景空寺（即谷隐寺）的清静自然，表达了对融上人的景仰之情。孟浩然也写过一首《过景空寺故融公兰若》的诗，赞美了佛寺幽静的自然风光，表达了对融公的怀念。段成式写的《题谷隐兰若三首》描绘了谷隐寺美景和僧侣生活，不着痕迹地写出了诗人在襄阳山水之间的陶醉之情。

齐己写的《寄岘山愿公三首》称颂了释道安与习凿齿的智慧，表现了弘扬佛法所经历的艰辛。晚唐隐逸诗人的代表、与皮日休（袭美）并称"皮陆"的陆龟蒙，写过一首《读〈襄阳耆旧传〉因作诗五百言寄皮袭美》的诗，共100句500言，对历史人物进行了点评，对皮日休进行了点赞，也对世事人情进行了评述，显然是在读了习凿齿著作后的有感而发。

二、宋朝代表性诗咏

到了宋代，习家池盛名更加广为人知，也更为诸多文人所关注，以歌咏习家池、缅怀先贤等为内容的诗作相比唐代有过之而无不及，甚至出现了很多同代同题诗和异代同题诗。

北宋年间，习家池和钓台尚保存完好。钱易、范仲淹、宋庠、欧阳修、曾巩、苏轼、彭汝砺、米芾、李廌、邹浩、葛胜仲等达官显宦、名人大咖先后游历造访，或雅集饮宴，续写唐诗晋字汉文章。歌咏习家池以及谷隐寺、白马寺的诗词很多，品读他们的作品，仿佛穿越到了那文星灿烂的时空。

钱易（968—1026）的《习家池大堤》几乎就是习家池风土人情的素描，意象特征明显，意境生动：

清风习池上，落日岘山西。

使君来问俗，听唱白铜鞮。

北宋政治家、文学家欧阳修（1007—1072），曾任光化军乾德（今湖北襄阳老河口市）县令。他在游历习家池后写的《高阳醉卧》诗，让人仿佛看到了《醉翁亭记》中醉翁的形象：

群山如龙还故垒，襄阳迢递限一水。

重关突兀当要冲，千载雄藩镇南纪。

邮亭旅邸遥相望，象译交通经万里。

舂陵豪士颇好奇，寻幽访古为娱嬉。

玉缸酸醅似桐乳，卧沙白羊如灌脂。

细调鹍弦协风吹，与君共醉高阳池。

高阳地边春欲暮，铜鞮坊里花如雾。

惆怅山翁唤不醒，红日西沉汉江渡。

汉江渡口将别离，拍手尚有拦街儿。

小姬愿随游子去，骏马不受庸人骑。

大堤烟柳易零落，岘首残碑委沟壑。

鹿门高士久消沉，隆中故老不可作。

明日东归谢所知，人生得意宜行乐。

　　这首诗先写襄阳的山川形势：重关突兀，千载雄藩。襄阳地处险要的地理位置，交通方便而繁盛。"玉缸"二句：描写宴席上的美酒佳肴。接下来至"花如雾"，描写寻幽访古的兴致：当时豪士们饮酒作乐、夜以继日的场面，甚至昔日曾作军营的地方，如今也是美女如云、鲜花如雾。然后，作者以山简自喻，淋漓酣畅地大写特写高阳池醉酒："惆怅山翁唤不醒，红日西沉汉江渡。汉江渡口将别离，拍手尚有拦街儿。"最后慨叹日月如梭、光阴似箭，物是人非，表达了要及时行乐的人生态度。欧阳修第三子欧阳棐曾知襄州，其诗颇有几分乃父风范，他在《奉借子进接䍦》诗中写道："奉借山公旧接䍦，最宜筇杖与荷衣。习家池上花初盛，醉后多应倒载归。"表达了对山简那种旷达生活的赞许和向往之情。

　　北宋散文家、史学家、政治家曾巩（1019—1083），曾任襄州知州三年，多次宴游习家池后，写下了脍炙人口的诗篇。他在《初发襄阳携家登

岘山置酒》中写道："羊公昔宴客，为乐未遽央。而我独今夕，携家对壶觞。颇适麋鹿性，顿惊清兴长。归去任酩酊，岂期夸阿强。"在另一首《岘山亭置酒》诗中又写道："长年酒量殊山简，却上篮舆恨独醒。"虽然置酒在岘山，却未忘记"山简酩酊醉，举鞭问葛强"。他的《高阳池》诗，表达了对山简"任诞"行为的赞许，对其镇守襄阳优游不迫、垂拱而治的钦羡：

> 山公昔在郡，日醉高阳池。
> 归时夸酩酊，更问并州儿。
> 我亦爱池上，眼明见清漪。
> 二年始再往，一杯未尝持。
> 悠也公事众，又非筋力衰。
> 局束避世网，低回绁尘羁。
> 独惭旷达意，窃禄诚已卑。

诗的后十句由"忆昔"回到现实，写诗人两次到襄阳，可惜都因公务缠身，均未如当年山简那样大醉而归，实属憾事。反映了诗人对山简"任诞"生活的向往，也表达了自己不够"旷达"、深愧不如之意。

曾巩不仅写了歌咏习家池和山公醉酒的诗，还写了一首《谷隐寺》诗，描写了岘南诸峰、林壑、寺院的清净幽美及与习家池相映生辉的关系：

> 岘南众峰外，窅然空谷深。
> 丹楼倚碧殿，复出道安林。
> 习池抱邻曲，虚窗漱清音。
> 竹静幽鸟语，果熟孤猿吟。
> 故多物外趣，足慰倦客心。
> 但恨绁尘羁，无繇数追寻。

谷隐寺空谷幽深，红楼碧殿相倚，被邻近曲折的习池山林环抱，泉水的清脆之声传入虚静无杂的窗户里，使人耳净神爽。"竹静幽鸟语，果熟孤猿吟。故多物外师，足励倦客心"。遗憾的是，自己被束缚在官场事务里面，没有更多的机会来此追逐寻访幽胜之境。

曾巩离开襄阳之后，对习家池仍有着留恋，他在《高邮逢人约襄阳之游》诗中写道："一川风月高邮夜，玉麈清谈画鹢舟。未把迂疏笑山简，更须同上习池游。"意思就是在高邮美丽的夜景下，一众名士于画鹢舟上谈笑风生。大家都不把山简醉饮的故事当成迂阔的笑话，而是要相约同游襄阳习家池。

北宋文学家苏轼（1037—1101）游历襄阳后曾留诗多首，离开后也对这里的景物念念不忘，他在《出都来陈所乘船上有题小诗八首不知何人作有》诗中这样写道："颍水非汉水，亦作蒲萄绿。恨无襄阳儿，令唱铜鞮曲。"显然他对汉水和习家池印象深刻。

彭汝砺（1041—1095），神宗元丰年间任京西提刑，是到习家池最勤、留诗最多的地方官。他在《高阳池》诗中写道："驾言之石城，爰至高阳池。是时春始和，池水生渺弥。徒能蹰躇顾，不及酩酊归。令人忆山翁，倒著白接篱。"诗人原本要乘车到石城的，结果改弦易辙来到高阳池。正是春和景明的时候，却只能走马观花，不能大醉而归，不禁令人想起了山简的故事。在另一首《高阳池》诗中又写道：

> 三年南雍居，十至高阳池。
> 鱼鸟如故人，相忘不相疑。
> 但持青莲叶，不倒白接篱。
> 我与之子游，何似山翁时。

这位提刑官，钟情襄阳山水，三年十游习家池，连这里的鱼和鸟都成

了自己的故人，但每至此，却与山简逢饮必醉大不相同。

彭汝砺在习家池还写过唱和诗、赠别诗和描写谷隐寺的诗。他在《和运干奉议见赠元韵》诗中写道："沉碑万山脚，骑马习池头。元凯亦过虑，山公聊自谋。青烟鹿门净，黄竹凤林秋。兴废不可问，登临徒百忧。"对历史人物和眼前景物进行了点评式描述，抒发了自己的感慨。在《和执中游山》诗中有"税车高阳池，遗事问黄耇。叹息当世士，所怀自非苟。方醉白接䍦，宁贵朱组绶"的诗句。在《送周朝议赴郢》诗中写道："驱马悠悠何所之，岘山南去习家池。莲花可爱肌如雪，鸥鸟何为鬓亦丝。一叶林头秋到处，片云溪上雨来时。公方紫绶金章贵，可要山公白接䍦。"描写了壮丽的自然景色和深厚的离别情感。在《得至郢州寄知郡朝议》诗中有"胜迹好寻梅福宅，真游梢记习家池"的句子。在《谷隐寺》诗中写道："楼台寄山颠，屹屹与云齐。登临览昭旷，感慨发悲悽。西顾隆中庐，北睨汉阴畦。愿言脱樊笼，超然此幽栖。"描写了谷隐寺楼台高耸，而登临一览周边的空旷，却有悲伤凄凉之感。表达了诗人追求自由，过上超然物外的幽居生活的愿望。

李鹰（1059—1109），字方叔。少以文为苏轼所知，成为"苏门六君子"之一。在襄阳期间，他与众多友人经常游宴习家池等地，写了数十首吟咏襄阳山水名胜的诗章。他在《习家池诗》中写道："言登岘椒亭，南望高阳池。习君汉彻侯，种鱼千石陂。川光涵翠阜，倒影媚清漪。伊昔典午世，山公已游嬉。子孙安在哉，独乐宁可期。萧萧宰上木，长风荡余悲。"诗人登岘远眺，追怀汉晋，感沧桑变化，发思古幽情。前六句说习郁建池养鱼留下园林美景；后六句说晋代时山简已在习家池游嬉，司马子孙今何在？一家独乐岂可期！不过是坟头上的树木在长风中回荡着无尽的悲伤而已。他的《白马寺诗》盛赞白马寺及其周边景物：

淡漫汉江皋，迤逦楚山岫。

衡门掩半麓，飞甍耸层构。

高林龄华榱，双泉逼瑶瓮。

龟鱼水中坻，牛马饮残溜。

我卜关外居，此计春可就。

参差菱荇香，猗傩参术秀。

行吟池上篇，来倒壶中酎。

水绕山环，楼榭参差，高林掩映，双泉涌动，"龟鱼水中坻，牛马饮残溜"。尤其是春天的习家池"参差菱荇香，猗傩参术秀"。令选择居住在关外的诗人产生了"行吟"、饮酎池上的向往。淡漫，水广远貌。衡门，指简陋的屋舍。飞甍，比喻高大的屋宇。华榱，雕画的屋椽。瑶瓮，井壁的美称，也指琉璃瓦或用美石砌成的浴池。坻（chí），小洲或高地。猗傩，柔美、盛美貌。参术，中药名，人参和白术。酎，重（chóng）酿的醇酒。

北宋有几位诗人，虽没有见到其游历过习家池的记载，但看他们的诗句，却让人感觉如同到过现场似的。如强至（1022—1076）的《即席依韵奉和司徒侍中上巳会许公亭二首》（其一）写道："褉事初修乐未涯，晴阳浓淡薄云遮。风光转入庭前柳，春色随来席上花。千载风流追曲水，万人游豫掩长沙。相公今日携诸吏，那比山公醉习家。"一首即兴唱和诗，竟写出了对比度：眼前的良辰美景和人物事象，哪里能和当年山简酣醉习家池的情境相比呢？

在古代，亲人、朋友之间的分别是常有的事，因此抒发离别之情的送别诗非常多，特别是亲友升迁或被贬或外出远游，诗人摆酒写诗相送，往往借用亲友将去之地的风土人情和典故予以劝慰，其间充满了殷殷的叮嘱和深深的情谊。北宋梅尧臣、王安石等在写给赴襄阳任职的好友的送别诗

中，都搬出习家池的人物典故为好友壮行。梅尧臣（1002—1060）在《送梁学士知襄州》诗中寄语梁学士："骑吹荆州去，乔林汉水前。乡亭逢故老，牛酒问高年。翠巘临关路，黄柑逐贾船。习家池馆在，宾从与留连。"抒发了游山玩水的闲情逸致。王安石（1021—1086）是著名的思想家、政治家、文学家，他在《寄张襄州》诗中写道：

> 襄阳州望古来雄，耆旧相传有素风。
> 四叶表闾唐尹氏，一门逃世汉庞公。
> 故家遗俗多应在，美景良辰定不空。
> 遥忆习池寒夜月，几人谈笑伴诗翁。

此诗作于神宗熙宁四年（1071），王安石变法，起用新人。56岁的襄阳人张问贬知光化军（今湖北老河口），回乡归养。王安石写此诗寄赠，极力赞美友人家乡襄阳风尚纯朴，名人代出，想象友人身处具有如此深厚历史文化底蕴的地方，"美景良辰定不空"，字里行间不无慰安之意、羡慕之情。唐尹氏，唐代襄阳孝子，四代皆受到表彰。庞公即东汉末年襄阳隐士。诗翁指张问。

另外，胡宿、宋祁、李维、刘敞等送人到襄阳的诗中，也都无一例外地对习家池歌之咏之。

北宋诗人在歌咏习家池的同时，也写了许多凭吊习公、缅怀习凿齿的诗。如仁宗天圣初年"连中三元"、通判襄州的宋庠（996—1066），饱含深情地写了一首《习彦威》的诗：

> 四海习彦威，英英出江汉。
> 高韵凌风翔，雕文夺星烂。
> 感激《阳秋》辞，奸雄非所惮。

蜀弱自为正，曹强乃名乱。

阴忤柄臣意，飘然去恩馆。

驱车自北门，四顾兴长叹。

终焉谢病免，犹得为人半。

缅矣身后名，临风宵慷忼。

这其实就是一篇用歌唱的形式为习凿齿谱写的传记。它高度赞颂了习凿齿的史学观和史学成就，赞颂了其忠于朝廷、不畏强权、反对篡逆、维护统一的高贵思想品格。《阳秋》即《春秋》，其秉笔直书的笔法，使有问题的人觉得可怕，这里指习凿齿著《汉晋春秋》等影响深远的史学名著。阴忤柄臣意，指习凿齿忤桓温事。为人半，前秦苻坚攻陷襄阳，将凿齿和道安按往长安，因习有脚疾，故称为半人。

前文提到过的李鸞，他在《习池诗》中写道："雍门有泪应承睫，绕墓行吟吊习公。"他来到襄阳侯习郁的墓前，怀着虔诚、忍着泪水，环绕墓垣，悼念这位逝去千年的先贤。他在《习凿齿宅》诗中写道：

习侯有世德，冠冕袭骏骎。

裔孙富六艺，凿齿四海知。

苏岭陟家山，高阳浮故池。

著书山水间，秀发胸中奇。

间从弥天释，善戏间廋辞。

尚友虽异代，斯人可凤期。

诗句除对习郁高尚的品德和声望进行礼赞外，对习凿齿"著书山水间"、礼佛及隐语射覆等方面的非凡才能和成就予以歌颂。最后两句说，与古人为友因时代不同而很难如愿，但与习凿齿为友倒是可以实现的。

表达了诗人期望与习氏为异代之友的心愿。骏鸃（jùnyì），鸟名，似山鸡而小，冠羽优美。六艺，指古代传统的"礼、乐、射、御、书、数"六种技艺，这里泛指有才能。苏岭即鹿门山，见前。弥天释即"弥天释道安"。廋辞，隐语（谜语）。尚友是"尚友古人"的省略语，意思是与古人交朋友。

被仁宗赐号"明教大师"的契嵩禅师在一首《次韵和酬》诗中写道："襄阳习子不贪官，欲友幽人拟道安。"对习凿齿不贪恋官场，以释道安为友，甘于幽居山林的作为和品格给予了高度的赞扬。

南宋直至金元之际，虽然战乱不断，但歌咏习家池的诗人也不少。如尤袤、项安世、韩淲、李曾伯、高宪、冯璧、李俊民、杨维桢等，都在游历习家池后留下了诗作，杨万里、袁说友、辛弃疾、刘克庄、梁寅、陈基等则以习家池的典故入诗词。

"南宋四大诗人"之一的尤袤在《送吴待制帅襄阳二首》（其二）中写道："不妨倒载同民乐，自有轻裘折虏冲。"寄托了作者对受赠人吴待制的殷切希望，告诫友人不妨效仿当年的山简与民同乐，学习羊祜轻裘缓带抵御敌人的进攻，建功报国。杨万里也是"南宋四大诗人"之一，他在《和张功父病中遣怀》诗中写道："人生随分堪行乐，何必兰亭与习池。"抒发了要保持平常心态、随遇而安的情怀。诗中将习池与兰亭并举，可见习家池的知名度和影响力堪与兰亭媲美。宋代诗词中以习家池为参照物的作品还有很多，比如程大昌的《临江仙》词中有"醉来花下卧，便是习家池"之句，杨万里的另一首诗中也有"西湖妙天下，未羡习家池"之句。刘克庄在《送陈户曹之官襄阳二首》中写道："习池水满堤花艳，安得相陪赋远游。"对心目中的习家池表达了向往之情。

前面提到过，南宋项安世（1129—1208）游历习家池后写的两首诗，透露了习家池的一次变迁。项安世在宁宗开禧年间（1205—1207 年），曾任京西宣抚使，数次来到襄阳。他的《重过习池》诗这样描述：

征鞍重过习家池，桥下泉声又索诗。
待洗一杯春酒涴，为君吐出碧云词。

"征鞍重过"，说明作者是一位戎装出征的军旅诗人，且是再次路过这里，立马桥上，看桥下流泉，有感而赋诗。泉声又一次引发了诗兴，且待我洗去因贪饮春酒而形成的涴漫，为君写一首表达离情别绪的诗。诗人并未明写习家池的美好，却运用拟人的手法，背面敷粉，注此写彼，写出了依依不舍之意。涴（wò），污，弄脏。碧云词：用韦庄诗典。

他的另一首《习家池旧临官路，今路改而东，池半入驿，吏引自桑林中往观，因记所见》诗写道：

步入荒林问习家，江吞古岸入平沙。
枯池旧岁犹生藕，病柳新年尚著芽。
草上醉人眠未醒，桑间游女笑相遮。
东风倦客生情性，伫立残阳看落花。

在官路改造之时，作者由驿吏引导，绕道桑树林前往参观习家池。诗人描述了习家池及其周边景物，虽一片荒芜，但蕴含生机，有男子草上醉卧，有女子桑间游乐，面对此境，诗人一时情性相感，便伫立夕阳之下观看落花，若有所思。通篇素描，而意在言外，余韵悠然。

韩淲、李曾伯等诗人都发表了习家池的游后感。韩淲（1159—1224）的《山简习池游诗》："拍手儿童笑，山公倒接䍦。举鞭无限意，今古少人知。"表达了对山简所作所为的理解，感叹古今知音稀少。李曾伯（1198—1268）曾任京湖制置使，调兵击退蒙古大军，收复襄、樊二城，作《襄樊铭》，铭于岘山，至今犹存。他在《伯玉再和正仲习池送客》诗中写道："一雨洗红蔫，春深昼欲眠。绿潭波浪漾，紫陌骑联翩。禊事

怀觞豆，官身苦槛圈。只今王逸少，重见习池边。"一场雨洗净了萎缩的红花，在这季春时节里，白天也昏昏欲睡。习家池碧波荡漾，大路上骑乘的人连续不断地往来。作者怀念修禊时的盛筵，联系身不由己的境况，说今天在习家池所见之客乃是王羲之那样的人。

金元时期，有关习家池的诗词大多咏史且视角独特。如冯璧（1162—1240）的《习池醉归图》：

> 襄汉方屯十万兵，习池日往不曾醒。
> 纷纷误晋皆渠辈，何独王家一宁馨。

此诗借古讽喻，发人深省：人们纷纷议论误国的都是那些大臣和军士，唯独朝廷就应该是那样的吗？"醒"字所指，值得玩味。

李俊民（1176—1260）的《习家池》："日日山公载酒过，醒时常少醉时多。儿童拍手阑街笑，惊破沧浪一曲歌。"前面三句直叙典故，末句自出机杼，引人遐想。梁寅的《次韵酬习君谦》诗中有"最忆习池山水胜，故家人物信多贤"句，赞叹故家人物贤才辈出。陈基（1314—1370）在一首题画诗《题从子伦画风梅花鸭》中甚至把画中的景物比作习家池："溪山风日两相宜，更著文禽泛绿漪。自愧无才似山简，为君题作习家池。"反映了他对习家池的赞美和对山简才能的钦佩。本来是描写此物，却说它堪比人们所熟知的彼物，此亦可见习家池传名广远。

第三节　明清广咏

　　明代文坛，诗咏习家池故事者众多，且流派纷呈。刘基、宋濂、方孝孺之后，有以杨宁、杨荣、杨溥为代表的台阁体；稍后有茶陵派；继之而起的是"前七子""后七子"；再就是"公安三袁""竟陵派"。这些流派中的著名作家，乃至文坛领袖，人都曾游历习家池并赋诗礼赞，留下了不朽的作品。此外，从明初到明末，甘瑾、邓雅、戴天锡、薛瑄、丘浚、王越、吴宽、张元祯、何宗贤、杭淮、顾璘、陆深、李汛、毛伯温、孙承恩、文彭、高叔嗣、钱錞、刘一儒、萧良有、胡应麟、公鼐等一大批诗人也都为习家池留下诗作。

　　"前七子"是指李梦阳、何景明、边贡、徐祯卿、康海、王九思、王廷相七位才子，他们倡导复古，高唱"文必秦汉，诗必盛唐"的口号，领袖人物是李梦阳。李梦阳（1473—1530）命运多舛，曾寓居襄阳四年，他的《白铜鞮谣》就是以襄阳歌谣形式来写山简醉酒的："谁家池，高阳池。日暮归，倒接篱。醉如泥，汝为谁。拍手歌，襄阳儿。"在《登谢公岩》中又写道："醉归忆山简，飞兴习池头。"在《襄阳篇寄李同知》诗中再次写道："习池宴山简，英寮敞翠幕。偶同携葛强，飞翰凌觞酌。归闻铜鞮唱，行相岘山作。"全诗表达了作者寄情山水、仰慕英雄、希望有一番作为的愿望。

　　"前七子"前面四位合称"四杰"，其中边贡（1476—1532）少有才名，也曾驻足襄阳，遍览鹿门、习池等山水，作有《鹿门山》《登岘山》《习池》《大堤》等数首脍炙人口的绝句。他的《习池》诗写得特别流畅：

习家池上草萋萋，流水成渠稻作畦。

山简不来游客散，居人犹唱白铜鞮。

　　大意是说，习家池没有了昔日的热闹，呈现出一派田园风光，但作者风趣地说是因为山简没来，游客散了，那时只有襄阳曲《白铜鞮》还在民间传唱。

　　"前七子"中的徐祯卿（1479—1511）与唐寅、祝允明、文征明齐名，又被称为"吴中四才子"。他在《送唐季和谪谷城》诗中写道："襄阳千里道，念尔一杯辞。上马山公醉，蒲腾倒接䍦。回风漂朔野，飞雪绕征旗。及此下车日，黄河冰泮时。江喧神女馆，花发岘山祠。莫谓长沙谪，风流良在兹。"诗句里充满了劝慰之情。长沙谪，西汉贾谊被贬长沙的典故。

　　"前七子"之后数十年，明代文坛又出现了七个才子，领军者为李攀龙、王世贞。另五人是谢榛、宗臣、梁有誉、徐中行和吴国伦。李攀龙（1514—1570）的《送刘户部督饷湖广五首》（其二）写道："马上春风白接䍦，花开应醉习家池。鹿门耆旧何人在，今日襄阳异昔时。"王世贞在李攀龙去世后"独操柄二十年。才最高，地望最显，声华意气笼盖海内"。他为明王重修仲宣楼应周绍稷之请写了《仲宣楼》一文，还写了不少与襄阳有关的诗，为襄阳文化作出了较大贡献。

　　谢榛（1495—1575）是"后七子"诗社的前期领袖，他的诗论比李攀龙、王世贞高明，著有诗文集《四溟集》十卷等。他是为习家池倾情歌唱的诗人之一。他在《秋夜李隆仲杨虚卿查性甫宗子相四吏部钱予杨氏园亭》诗中写道："蟋蟀夜寒扬子宅，芙蓉秋老习家池。玉衡西转燕歌罢，犹自持觞问后期。"

徐中行（1517—1578）是"后七子"诗社成员之一。他在《齐安雪中》写道："华同龙□寒帷傍，红上鸣鼓□下迷。古调双扰青丁府，山翁醉白铜鞮。"在《武昌闻曹有卿自巴西擢浙□寄赠》诗中又写道："笑问吴兴登岘首，何如山简习池回。"这里，诗人以山简自喻。他的朋友在吴兴，那里也有岘山，在吴兴县南。徐中行在诗中把朋友登岘山比作羊叔子（羊祜），有勉励之情，而把自己比作山简，醉酒习家池，含自谦之意。

前后七子之后，明代文坛又产生了一个以湖北公安袁氏三兄弟为首的文学流派，被称为"公安三袁"，诗文革新的健将。他们是袁宗道、袁宏道、袁中道。他们不喜做官，常在游山玩水中感受人生真趣。三袁之中，袁宏道（1568—1610）成就最著，在文学上反对"文必奏汉，诗必盛庚"的风气，提出"独抒性灵，不拘格套"的性灵说。前人评之曰："其诗文变板重为轻巧，变粉饰为本色，致天下耳目于一新。"他在《游习池》诗中写道：

> 深岩寂寂石花斑，浣却尘沙车马颜。
> 是客竞来尝白水，几人休去伴青山。
> 云泉到眼无多热，金紫蒙头第一关。
> 三尺磨崖书大字，人生到此是清闲。

诗题一作《习池道中》，多讹误。作者认为，游习家池，"浣却"车马劳顿，饮一点酒，看一看风景，在山岩上留下摩崖石刻，便是人生的清闲、人生的乐事。

薛瑄（1389—1464），明代著名思想家、理学家、文学家，河东学派的创始人。他的文章雄浑雅正，他的诗冲淡高远，醇正清拔，有陶、盂、韦、柳之风。他在《襄阳歌》中唱道："城南习家池，池水清涟漪。当日

山翁酩酊醉，风流未许他人知。"他又在《习家池》诗中写道：

谷口一径入，苍山四面开。
中有习池水，水碧无尘埃。
泉源初喷薄，交流遂萦回。
飞鸟镜中度，行云天外来。
微风一荡拂，林影久徘徊。
寒光空心性，俯玩何悠哉。
爱此不能去，载歌写中怀。

一幅色彩鲜明的山水画，呈现在我们面前：青山环抱，一泓碧池，泉源喷薄，交流萦回。可鉴飞鸟，可映行云，微风荡拂，林影徘徊。置身其境，悠哉乐哉！诗人用背面敷粉的手法反衬池水的特点，生动传神。

丘浚（1421—1495），明代著名政治家、理学家、史学家、经济学家和文学家，海南四大才子之一。他的《经旧游有感》写道："当年同醉习家池，歌舞流连醉不归。今日独来墙外望，亭台依旧主人非。"表明作者途经曾游之地，有感而发。

王越（1426—1499），明代中期名将。晚年被流放湖北安陆，到襄阳游览，睹物有感，写成《襄阳怀古》："衰柳斜阳古大堤，秋风禾黍习家池。小儿不唱拦街曲，过客犹寻堕泪碑。左传铸成元凯癖，唐音刊尽浩然诗。兴亡多少伤心事，只有襄山汉水知。"整个调子是灰色的、伤感的。习家池从来都是文人墨客饮酒寻欢的地方，但王越却没有这份雅兴，他感受到的是让人伤感的秋风。

何宗贤（？—1489），祖上为官襄阳知府。成化进士，历安徽广德州知府。他的《习池》诗："敌寒惟爱圣贤瓯，满面春风乐胜游。老去只如离彀箭，诗悭殆似上滩舟。山冲野寺蜂腰断，水抱孤村燕尾流。兴废不关池畔柳，客归依旧舞蹊头。"全诗写作者游习家池，欣赏了风景但意不在胜景，而在寻觅诗情，寻觅与从前在习池生活过的文人雅士相同的生活情趣。诗中含蓄地表达了人生易老，当学山公率性自由、行乐人生的思想。

毛伯温（1482—1545），官至兵部尚书。他曾经游览习家池，留诗一首。《习池馆》："吊罢羊侯馆，来观习氏池。崖深云傍屋，风动鸟鸣枝。日落山公酒，梅开老杜诗。古今人不见，半亩自清漪。"在岘山凭吊过羊祜后，来参观习家池，幽情逸韵好景象，诗酒雅意依然存，然而古今人物已不见，徒留半亩池塘回荡着清丽的涟漪。

孙承恩（1481—1561）《同襄阳守张士弘过习家池六首》（其三）写道："习家池馆汉江滨，长见清泉蘸碧云。时移事往人何在，今日风流属使君。"描述了汉江边的习家池长期以来一泓清泉蘸碧云的美景，感叹时异事殊物是人非，表达了对"使君"襄阳守张士弘的美好祝愿与希冀。

高叔嗣（1501—1537），官至湖广按察使。他的诗受到许多人的推崇。王世贞曾说："子业（高叔嗣的字）诗如高山鼓琴，沉思忽往，木叶尽脱，石气自青。"他在《初泛汉江东峪使君邀饮习池》诗中写道："清明寒食愁江路，逢人乍问栖泊处。杨柳深垂渡口喧，桃花浅映村头暮。襄阳使君乘暇日，邀饮习池酒兴逸。然灯清夜歌管鸣，吹角沧波鱼龙出。"这是一首七言歌行体诗中的几句。清明之日，诗人在襄阳知府的陪同下，泛汉水、登岘山，于傍晚时分来到习家池。晚宴就设在"杨柳深垂""桃花浅映"的地方。"酒兴逸""歌管鸣"，描写的是宴会场面。"然（通燃）灯清夜"表明时间之久，"鱼龙出"则说明音乐之美妙。当时高叔嗣以湖广按察使的高贵身份，被知府"邀饮习池"，可见习家池的繁华昌盛。

钱鏛（1525—1555），钟祥人，嘉靖进士，抗倭英雄。他的一首《习家池》诗托自然景物而寄情言志：

凤凰亭枕岘山头，雁自飞飞客自游。
独有习家池上月，不随江水向东流。

　　人间万事随流水，习池风月依旧美。这首诗寄寓了诗人不随波逐流的
志趣。

　　胡应麟（1551—1602），明代中叶学者、诗人和文艺批评家、诗论家。
他的《习家池》诗写道："岘首穿碑百尺遗，襄阳仍睹习家池。如泥不学
山公醉，自唱铜鞮岸接䍦。"尽管时光荏苒，岘首山穿碑已成遗迹，习家
池仍然是襄阳人游览流连之地。今人即使不效仿山简烂醉如泥，也会戴上
白头巾唱起《铜鞮曲》。可见当年的习池人物对后世影响之深远。

　　公鼐（1558—1626），官至礼部右侍郎，"万历前期山左三大家"之
一。他的《习池》诗："岘首岧峣汉水长，习家烟树野亭荒。羊公流涕山
公醉，并立残碑卧夕阳。"岘首山高峻，汉水流长，习池荒芜。诗人慨叹：
羊祜忧无功业留于世上，而山简惟求醉乐，如今只见他们的残碑卧于夕阳
之下。

　　除了以上列举的诗句外，吴宽的《分题习家池送侯金宪》诗中有"后
世愧高情，徒然效沉醉"之句，说后世之人愧对山简的高情雅意，只不过
空有效仿其沉醉的行为罢了。杭淮的《襄阳习池》诗中有"亭台斜日畔，
今古一长咨"的句子，意思是抚今追昔，不过一声长叹！李汛的《径造程
克明池上二首》（其一）写道："石镜双分秋水净，瑶林四合午烟深。花边
凉吹时生座，不道人间有暑侵。"描绘了习池犹如仙境般的秋色美景，花
边凉风吹来入座，让人感觉不到暑气侵袭，仿佛置身世外桃源。文彭的
《华从龙邀游石湖不赴次韵》诗中写道："非缘心乱辞莲社，却羡山公醉习
池。"说爽约不是缘于"心乱"而辞别"莲社"，而是羡慕山简习池醉饮之
故。由此也说明，效仿山简之行在诗人心目中显得更为重要，习家池乃是
许多文人雅士聚会宴饮之首选目的地。

清代，习家池依然是众多文学家、诗人歌咏的重要对象。康熙十一年（1671 年），著名文学家、诗人王士祯（1634—1711）来到襄阳，考察了岘山石幢，游览了习家池。他所著的《蜀道驿程记》前文已有引述。他写的《习池馆》诗：“山公酩酊处，遗迹岘山头。院静寒山落，川明宿雾收。依然池上水，遥接汉江流。谷口微钟发，苍茫起白鸥。”感叹时过境迁，山简习池醉酒的盛况不再，表达了物是人非、人生易逝的悲凉感。他又在《岘山和孟公韵》诗中再次写到习家池：“高阳池上酒，凭仗一开襟。”步孟浩然《与诸子登岘山》诗韵，说高阳池的美酒可以让人敞开怀抱。

浙江秀水诗人李良年（1635—1694）在《经襄阳作》诗中写道：“浃淡双洲色，鸥闲万里情。青山蚤相待，先拟习池行。”“岁时江上酒，人物郭西坊。”“游人新有曲，不唱白铜鞮。”他路过襄阳，首先想到的是要在习家池饮酒。

襄阳诗人顾夔章（生卒不详），乾隆十八年（1753 年）拔贡。他的一首《高阳池醉吟》别具风采：前四句：“朝饮高阳池，池清水可酾。暮饮高阳池，池水化为醨。”诗人眼中的习家池之水，简直就是美酒，朝可饮，暮也可饮。李白曾经把“鸭头绿”的汉水比作“初发醅”的醇酒，顾夔章显然承袭了酒仙太白之诗意。而句中的“酾”“醨”，又使读者自然联想到在《渔父》中渔父劝说屈原的话：“众人皆醉，何不餔其糟而啜其酾？”顾夔章这样开篇，引人入胜。接着承其意写山公：“今古何常少酒人，胡为山公令余思？骑倒马，著接篱，拦街拍手襄阳儿。今日襄阳酒如注，高阳池上几人去？山公如泥唤不醒，世人谁复知其趣？世人不饮醉已沉，公独醉酒不醉心。当年屈子错在求独醒，那及此老日夕酩酊脱长簪。”诗人通过对世人、山公、屈子醉与不醉的辨析，表明自己的观点。最后，诗人高唱：“我亦清漪爱池上，红波澹澹芙渠漾。得谢尘羁便是仙，千秋不约同高唱。”自山简醉酒习池至诗人时代，已经过去一千多年，“千秋不约”，但自己的志趣却与之相同，曲同旋律歌同调。此诗语言奔放流畅，表现了

作者对现实的不满情绪。

　　道光年间襄阳知府周凯（1779—1837），为京都二十四诗人之一。他主持重修习家池和举办修禊集会的事绩，前文已有引述。他的《游习家池诗》,《襄阳府志》录有四首。第一首写正月初四日出游习家池。所见："盈盈水一泓，清浅鉴毛发。"所思："胜事不可追，兰亭久消歇。"所为："烹泉坐池上，默默闲咀嚼。"第二首咏写泉水："泉源亦不竭，粒粒如溅珠。"接着，由泉水而想到水利："可以事潴蓄，可以溉菑畲。"最后想到凿池者习郁之功："卓哉习文通，非仅供清娱。"第三首主要写习家池的胜景，为游客观光旅游佳境："春牵杨柳丝，秋灼芙蓉花。中有钓鱼台，啸傲倚苍葭。"游人除了可以"钓鱼""啸傲"外，还可以"诗酒纷交加"。第四首诗是对山简醉酒的深层次思考和评价：

<blockquote>
我思山季伦，假节镇此土。
胡事耽酣吟，日夕花间舞。
烂醉不肯归，笑任儿童侮。
时事虽已非，斯民吾其主。
再战走江夏，无乃惭杜父。
因之发慷慨，论古期心许。
且缓山公游，亟复习池古。
</blockquote>

　　此诗表明，前文引录的周凯在《习池四贤祠记》中论及为什么要列山简为四贤第一位的一段话是其心声。这里他拿自己与山简和杜预两位古代镇守襄阳的人相比较，表达了作为父母官不可耽于游玩，要尽快恢复习家池往日繁荣的愿望。

　　清代歌咏习家池的诗人诗作还有很多。如田雯（1635—1704）的《襄阳绝句十二首》（其五）："如泥烂醉习家池，拍手铜鞮倒接䍦。不羡山公饶逸兴，杯前妙有葛强儿。"表达了对山简超逸豪放的赞许和自己并不羡慕"葛疆（古同强）随"的心情。汤右曾（1656—1722）的《习家池》诗写道："贤达不灭名，况乃尽醉时。山翁坐镇日，酩酊何所为。举鞭问爱将，拍手笑童儿。风流径千载，流咏高阳池。"赞赏山简的无为而治和率性旷达，称山简并非沽名钓誉之徒，而是风流人物，流芳千古。张九镡（1719—1799）的《襄樊杂诗》（其三）写道："蛮荆人物压中州，名士襄阳一半收。却信习公真四海，风流汉晋有春秋。"诗人盛赞楚地风流人物赛过河南，而襄阳独占一半名士，其中的代表人物是撰著《汉晋春秋》的习凿齿。谢兰生（1769—1831）的《咏史》诗中有"我读汉魏史，仰止习凿齿""赖公发聋聩，大声震里耳。独帝汉昭烈，分别冠与履。天道以不亡，人心以不死。煌煌良史才，下启紫阳子"等句，称赞习凿齿的正统史观是振聋发聩之声，纠正了冠履倒易之错误，顺应天道人心，意义深远。

部分碑刻位于溅珠池西侧

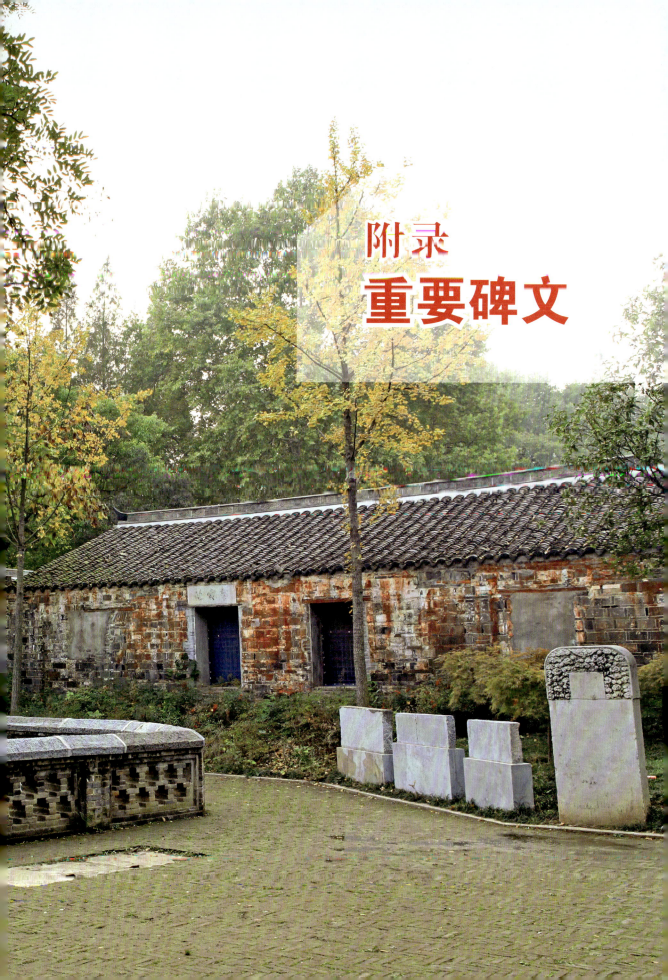

附录
重要碑文

习池馆记

[宋] 尹　焕

　　襄阳城，北枕汉水，商贾连樯，列肆殷盛，客至如林。惟城南出关而骋长衢直道，东通于日畿。然傍汉数里，居民鲜少，士大夫息肩解橐，率不免下榻苇舍。自嘉定、宝庆后，屯田既成，官吏络绎阡陌，凡宵征而旦趋衙与朝发而暮至大堤者，或假爨桑门之居，驺从弗谨，埜井陲缘，缩屋而炊，庪庨可厌也。

　　于是议者请建候馆于南关外，制帅阁学陈公然之，命其属尹焕往度地。越岘凝眺，适旁田舍，欢言发地得碑，将献诸郡，就际之，则前守习池诗也。因讯池何许，曰："荡于兵矣，而故迹犹在白马泉寺之荒圃。"至则崇山联抱，一水涓涓自岩窦注于汉。循流而上坡麓曼衍，水洄漩淳潏，洋演沦曲，奇石磊块，激发琮佩，青林媚篠，荫映光景，窈乎靓，沈乎清，盖殊境也。而泥垣棘篱，荒芴埋没，焕刊治而加位置焉。负之麓而面鹿门，横陈通川，平瞰驿道，于馆宜先是制府、斥候、兵辅。在其东可五六十步，俯岸嵌空，鸿涛春啮，雨甚则忧垫，因议并徙候、铺于新馆之左，于守馆又宜。

　　归白于公，乃捐镪市地，筑堂二十八楹，扁曰"习池"；为寝舍二十八楹，扁曰"怀晋"；浚地引泉，压以飞梁，外缭以垣，矗门临衢，扁曰"习池馆"。皆语实也。橡了所，览了盾，节费也。既成，公

谓焕：“盍为之记？”谨按：习氏以凿齿而名，池以习氏而名，山公游焉，池益以名，久废而复，今又名矣。噫！山川显晦，时也；世故兴废，人也。士习有勤惰，而兴废系焉；世故有变迁，而显晦关焉。方晋不竞，士行士雅辈，运甓击楫，董董扶持季年，何时顾放情高逸？酣湎不屑事事，上宇下宙，夫复奚赖？今公生聚教训，士勇而知耻，民乐而怀德，乃且瘝额远虑，晨兴夜寐，孜孜如羽檄交驰，时吏属受命，奔走无射，兴言夙驾，莫敢兴从事独贤之叹。夫厌浥行露，小吏事上之勤也；闵劳叙情，馆以憩之，上之人念下之仁也。继今而往，咸仰池上，勺之、沦之、濯之、湘之、流风千载，尚可遐想。公方为国倚重，丐闲未遂，然一丘一壑不能忘情于太湖苕溪之上。托斯池以寄兴，焕知公心盖在彼而不在此也。

重修习家池亭记

〔明〕　王从善

自有此山，便有此泉，秦汉以前不知其名云何。后，汉习氏居其地，有名郁者凿池其旁，依范蠡养鱼法，中筑钓台，风物幽胜，人往游焉。意其若平泉之庄、灵璧之园，此但其源也。逮及有晋，习宗独强盛，而凿齿者隐居读书，刻意古典，虽其逡巡于叛逆之间，而著为《汉晋春秋》，亦足以裁正当世，识者或有取焉。山季伦镇襄阳，暇日辄之池上，饮酒为乐，必昏酣而后去，更为"高阳池"。汉郦食其自号高阳酒徒，季伦之意其将以是欤！晋之风流大抵如此，国之不竞有由然也。唐杜易简复居其上，其孙甫有诗云："戏假霜威促山简，须成一醉习池回。"又云："非寻戴安道，似向习家池。"而池之名遂闻于世，至于今且千余年矣。高人逸士、达官贵人过其地，往往慨叹其湮微，独以从善之无能得托迹其间，耕田种药，养亲以自娱，幽退足以去凡心，鱼虾足以慰饥肠，汲泉漱齿，临溪濯足，天光云影，相与徘徊，则夫洒然而忘世，以自附于古人无求者之列，是诚可乐焉。

正德丁丑，大宪长聂公为宪副使，抚民于襄，每以修明法度、兴起废坠为念。筑大堤、甓郡城，民用免于水患，修郡志、立科甲、题名碑，士用有所励，此其政之大者。建岘山亭于羊侯祠中，取欧阳永叔文而刻之。又捐其余财，檄县令杨君□茝□事，周回郭台如坛形，

而缺其中,围以阑,方各二丈弱,下流筑长渠,可三丈,渠尾作桥以通游人,皆以石为之。建亭于其上,使游者有所栖焉。且闻公之别号曰"凤山主人",而环池之山自昔皆以凤名,是用额其亭曰"凤泉",以识其显晦有时,待人而兴,非偶然也。公以廉静寡欲之操,光明正大之学,不闻于远近,去之日,人人思之,而公复以不得毕志于襄为恨。从善心力渐衰,去道日远而勤勤犹未已,公恒奖进之,通于言说,形于体貌,则公之怀抱又非寻常作吏者。而县令杨君守义爱民,尤端嗜好,乃承其议而勇为之,上命下顺,有倡有和,遂以臻兹,皆不可不书。宪长公名贤,字承之,蜀之长寿人。县令君名铨,字仲衡,南昌之丰城人。皆以名进士,吏于是云。

习杜祠堂碑记

〔明〕孙继鲁

　　余校士襄阳，望隆中，慕诸葛孔明为人，怪陈寿以父子私憾刘氏君臣，故志《三国》帝魏。其余袷祭高皇帝以下，昭穆制度湮灭弗书，不与昭烈绍汉统而伪孔明焉耳矣。因考习凿齿《汉晋春秋》，起汉光终晋愍，以蜀正魏篡，汉亡晋兴，心特壮之。及考杜甫诗，于先主、孔明，往往推而尊之，形于遗祠故庙之所，赋咏若曰窥吴，曰幸三峡，曰崩年，曰永安宫，曰翠华，曰玉殿，曰丞相，曰宗臣，曰见伊吕，曰失萧曹，曰三顾频烦，曰两朝开济，则帝昭烈、佐孔明。视习先后一辙，即汉氏居正统，不待纲目后明也。翊王风而扶世教多矣！

　　尝求其故，则习、杜皆襄阳人，齿以史名晋，为能裁正桓温；而甫以诗名唐，则忠爱君国。又齿之博雅志气自少，甫之属辞乃自七龄，大抵天性略同。夫齿能裁正桓温则心晋，心晋则帝汉，帝汉则篡魏，诮温非望，在于史。甫能忠君爱国则心唐，心唐则刺安，刺安则诛史，在于诗。其于昭烈、孔明、史以正之，诗以美之。则君父之道著见，奸雄如魏既成尚诛，况如温之蓄非望，如安如史之贼且乱者，天诛其能逭乎？则二公之史之诗，诚深远矣！

　　石南宪副江公有见乎此，雅尚二公，即岘首习池祀之，报功风教也。祠成，公参浙藩政，属襄阳知府张君裕、通判万炯、推官萧端凤，

征余记其大节如彼，若夫习、杜世家，齿、甫定事，暨岘首、习池佳胜与祠之规制，则翰墨焕然可述不可磨者，今皆不记。公名汇，字巨之，江西进贤人，丙戌进士。

习池聚乐记

〔明〕刘一儒

　　襄阳据荆、郧、宛、洛，为南北奥区，山水之胜甲于他所，如太和、岘首、鹿门、习池，皆世所传奇崛灵秀、幽邃雅丽之观也。四方怀古好游之士闻不啻然慕之。太和距郡中二百里许，鹿门亦在僻处，岘山则羊侯祠屋之外，莫可纵游，便而可游者，唯习池为最胜云。

　　自一儒策名京国，往来于兹数矣。往来须乐，太和已得遍探玄窈，习池近在轨辙，顾未一视，触望焉。顷者被命而南省，二人于里舍计，过襄将访刘质卿侍御为习池之游，他日趋白下更访赵良弼邦伯，寻龙山仲宣楼登焉，固一快事也。

　　比入襄北十里，质卿使者逆于道曰："赵邦伯自此入郧，比今将反辙矣。"愚闻之曰："嘻！有是哉，习池之游，且将与良弼共之，又何意龙山仲宣楼也。"诘旦，造质卿，约夙具以迟良弼。是夜，良弼至自郧中，明日约赴池。二公先往，愚少后，出郭不半里，则江水骤涌，横没故道，遂怏怏不得去。又明日，乃从驿亭小径缘真武庙峰后历卧佛、清泉、谷隐诸寺，上下山洞，触石攀萝，约十五里，始达池上，二公倒屣鼓掌，且笑且咏，曰："极目巨浸，子何至是？"相与慰劳者久之。饮罢，率临池所。

　　是日也，晴曦中天，熏风拂鉴，池水清澈，远映江光，中有细鳞，色皆金碧，历历可数，投以糁粒，悉鼓鬐争食，若解人意。因叹曰："昔人狎鸥鸟，殆斯类哉！"顷之，东步澄晖亭，望长江之溯湃，览诸峰之翠耸，忆山、习、庞、孟诸贤，而诵少陵之奇句，抚景兴怀，忻然而喜者，不觉悯然以戚焉。既而席地命酌，击缶长唫，禽鸟和鸣，林木蔽芾。羽士剪蔬，山僧煮茗，怡怡陶陶然，殆不知缨冕之在吾身，天地之为窀廓也。低回良久。过质卿别墅，时且暝烟笼岫，牧笛横牛，犁者、馌者、持竿者、负薪者，哗然竞归，归集舍旁，共饭麦粥。予三人各索数箪食之。俄已长星在户矣，随烧烛谈棋，夜分始就榻。榻一，以处良弼，质卿与愚就案以寝。山中清寂，晓气肃然如秋，愚方肉袒熟寐，不觉也，质卿觉，急拥衾为余覆，良弼惊寤曰："即此不可令从世傅哉！"因共喜跃，起而栉沐。良弼匆匆有行色矣。乃复携具陂塘，延坐午晌，时江水安流，三老以风便告。良弼且行决，把袂叹曰："江山胜迹，我辈登临，孟句也，质之今日异世同怀。"质卿曰："山公一醉此中，遂成千古奇事，吾人今日岂减当年。"愚曰："竹林、河朔、兰亭、豫章，斯亦达者大观，名流雅致也。宁独山、孟然哉！"虽然，纵而无检者情荡，忌而托者志悲，觕隐见殊途，喧寂异趣。嗟哉！此义，盖难言之矣！

邦伯公为郡荆州也，恫疗民瘼，冠冕循良，逸兴清标，犹且脱然埃坷之外，侍御公风猷彪炳，名起柱下，乃乞身田里，就养其尊人。余椎鲁无能，自效殊魄二公，幸今获遂觐省，追随几杖，亦有庶几焉者？兹所谓斋隐见一喧寂者，非耶！视昔诸公一时感遇聚散，其情其志，要不可例语矣。于是质卿歌《有客》，曰："言受之絷，以絷其马。"良弼歌《蟋蟀》，曰："无已太康，职思其居。"愚复为之歌《白驹》，曰："生刍一束，其人如玉。"毋金玉尔音，而有遐心。遂相与洗盏，三酌三行而别。时隆庆戊辰五月念二日也。夷陵小鲁刘一儒书。

国士习公孺人李氏墓志铭

〔明〕 郑继之

　　赐进士第、嘉议大夫、前翰林院提督四夷馆、两京太常寺太仆寺卿、大理寺卿、郡人鸣岘郑继之顿首撰。襄府阳山王口奉国将军、耘田朱载垣篆并书。

　　国士习公者，襄阳人也，号方池。生于嘉靖戊戌十二月一日，年四十有二。卒于万历己卯三月十一日。以壬午岁正月二日卜宅南十步许葬焉。后二十有六年，为万历乙巳，而孺人李氏亦卒。卒以六月十八日，以是年十二月二十一日启国士窆合焉。孺人生于嘉靖壬寅二月二十三日，年十四而归习，卒年六十有四，生男孔教，上礼部儒士，女适郡庠生鲁建贤。孔教取张氏，生子弗育，孺人复为取侧室汤氏、张氏。汤生女卯子、存寿。国士之葬也，教年方髫，仅仅奉孺人肃治葬具，而未暇请志于长者。迨长，以色养，复不敢追口遗事，恐贻孺人哀悼。至是乃并述口行状而请志焉。

　　习氏故襄名族，晋、唐间最盛，载青史中，不具述。即今城南凤皇山之麓，习氏池亭最著名者，其故居也。五代中，其子姓稍稍流寓，不获安其故土，而客豫章者最繁衍。我明成化间，国士四世祖升鹗，复自豫章归襄，而卜居于城南三十里曰虎尾州者止焉。升鹗生澄，澄生胜，富累巨赀，连阡陌。虎尾州时称"南州"，素封故号南州先生。

南州取杨氏，生伯子朝纲。王氏生仲子朝缙及国士。国士年□季，顾独负岐嶷，南州云："吾复襄，居四世而儒业未究，究之将在子矣！"于是始卜邑居，俾就孝诸儒绅而卒业焉。时或归省，则必过习氏池，曰："此先世故居也。"因号方池先生，无何，补郡弟子员。南州卒，国士哀毁喻礼。既禫，雅志观光，遂跻国学。会秦藩讣闻，例当报诸藩王，而国士乃请讣襄中诸藩，以便归省。既复命，椎意终养不欲仕，未几以疾卒。

国士好施予，里中有贫不能具葬者，国士为致棺衾，捐旷地以殡之，不下数百计，至今称习氏义冢云。国士事其母至孝，不幸先王氏卒，而长君方冲。孺人孝事暮姑，慈抚冲子，勤率家众，数年间始考终命，子列儒绅，家跻完美，可谓阃阃而丈夫者矣！国士何遗憾焉！国士兄伯仲俱绝，而伯氏之卒也，甫弱冠，遗配张氏寡居者久之，至是益不自赡，孺人曰："此吾家事也。"于是命长君迎归就养焉，孺人为时寒燠具甘，□其事张也，一如其事王氏姑也，逮二十年如一日，故孺人卒，而张哭之如哭其母。君子曰："吾睹国士状而知其承先者远也，睹孺人状而知其成国士者大也！"岂寻常夫妇可方其万一哉。孺人父胜祥、母刘氏亦襄南巨族，并志之。而为之铭。

铭曰：凤之麓，衍平陆。隐脉脉，结兹州。生于斯，兆于斯。枕亥山，谊首丘。士缵绪，女成德。今□□，昔好逑。下黄泉，上白日。昌尔后，万世秋。

重建高阳池馆记

〔清〕 毛会建

　　襄阳，故南雍州，壤接荆豫，为中原之奥区。其间人物高华，风土朴茂，山川宏衍，已冒全楚十八九，而胜迹名流，都人士留连而慨慕者，习家池为最。池水窦沾川镜，中极目。在城南十里许，背伏岘山，面临汉水，沙汀烟树，映带城郭，自是天然绝境。

　　考其初，汉侍中习郁开第铜鞮时，疏白马泉为方塘，效少白养鱼法，筑台其中，虹梁飞驾，云隄高扶，杂□□□焉，为游燕地。而池始以姓著，迨晋治中凿齿读书池上，与释子道安为方外交，著《汉晋春秋》一书，以裁正当时，而池益显。后山简假节镇襄阳，绥怀江汉，军旅之暇，出游池上，置酒辙醉，因名"高阳池馆"。盖身居节钺之重，雅慕放达之名，池上留连，称极盛焉。

　　李太白云："且醉习家池，莫看堕泪碑。"杜少陵云："戏假霜威促山简，须成一醉习池回。"曾子固云："未脱迂疏笑山简，更须同上习池游。"王荆公云："遥想习池寒月夜，几人谈笑伴诗翁。"千载之下，犹足动人，歌咏乃尔。夫不有创者，则前之为五丁者，或难其出金之牛；不有继者，则后之平泉者，或忘其醒酒之石。

　　况兵燹以来，江山胜迹都非旧观，而池遂荒颓特甚。时总戎杨公、郡伯杜公芟寇乱，子惠黎元，再造兹土，又出其余力，倡复诸名

249

胜，不知几费经营。而今日者，方塘重浚，活水长流，楼榭参差，亭台耸峙，而且桃柳亚墙，芙蓉蔽水，樵歌晚唱，渔火夜明，一时名流云集无间焉。昔日口诗筒，迄无虚晷，远近竞传，以为习氏复兴，山公再现。予以游历之下，得与二三同人觞咏其间，见淑气之浮空，而思池之中，坐于条风甘澍者，伊何人之歔也；当长陵之送暑，而思池之上，憩于冰壶玉鉴者，伊何人之也；若夫金风晓振，玉露宵凝，斯时之池，何整以肃乎？及夫风阴高木落，雪暗梅香，斯时之池，又何静穆而休豫乎？昔有题名园者，以亭榭占时世之盛衰，若今高阳池馆重开生面，山亦为增高，水亦为增深，草木亦为增荣，云霞亦为增艳。流连之下，慨慕以系，如过隆中思武乡抱膝之庐，登岘山思钜平缓带轻裘之度，不独区区神游濠濮之上，身入辋川之图已也。后之视今，亦尤今之视昔，则何可以无记乎？是为记。

修习家池记

〔清〕　王奉曾

　　襄阳为楚北大郡，即名贤遗迹指数可睹，而岘山之名最著。山在城南七里，为羊叔子宴游地，后人筑亭以志不忘。逾山三里为习氏故宅，习家池在焉。池为郁浚，郁固彦威祖，故池之名与岘埒，以彦威重，非以郁重也。岁癸丑，余奉命观察安、襄、郧、荆而驻节于襄，正事之暇，访求遗迹，岘亭翼然，而求所谓习池者，大都湮塞于荒烟野蔓之间。无论旧志所载"大陂长十八步，广四十步，小池长十七步，广十二步，以及钓台、石洑"者，无有；即阮亭《蜀道驿程记》所称"池方广亩余，稍东一池才半规"者亦已就湮，昔贤之盛轨渺矣！余恐日久之实亡，而名亦将没也，倡捐廉俸为修举计。适枣阳韩令来署襄丞，政闲而好古，使承其事。鸠工庀材，浚池筑馆，匝三月而落成，爰撮其概而为之记。若夫景物之幽胜，林泉之秀美，名贤吟咏，历历具存，后之览者惟留意于斯，俾之永久而勿替，是则斯池之厚幸也夫。

北平王奉曾撰

会稽韩辉书

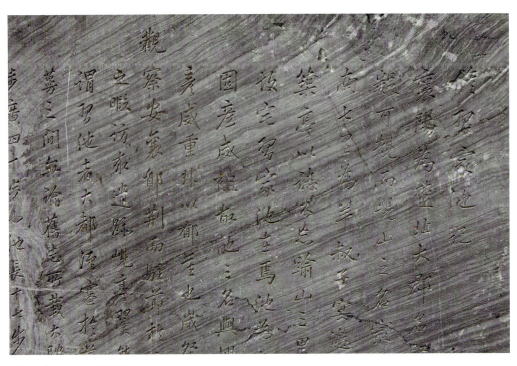

《修习家池记》碑局部

游习家池诗序

[清] 周　凯

　　守襄阳两载矣。尝一再游隆中，登草庐，缅诸葛忠武侯之为人，发为诗歌；登岘山，扶羊成侯、杜成侯遗迹，碑虽芜没，至今犹有能言之者，未尝不慨然兴思，以为守土者决也，而未尝学山公作习家池游。道光五年春正月退食，余闲，偕大令蒋祖暄、茂才严元□、唐其杰、王乃斌、壻朱元燮游焉。田畴交亘，亭馆寂古，□池三间，仅存姓氏，祠前一池，方不盈丈，水清以浅，残碑断碣，偃卧池醉，风景萧然，何今昔之不同如是哉？

　　按习氏，汉习融子，习郁家于此，晋有习凿齿为著，族历东汉迄今数千年，俱在习家池称。志载："池在城南八里，引白马泉凿池养鱼。筑大陂长六十步，广四十步，起钓鱼台于池中。又作石洑，引池水于宅北，凿小池，长十七步，广十二步。"郦道元《水经注》："沔水东经猪兰桥，本名荻兰桥，桥北有习郁宅，宅侧有鱼池，池不假工，自然通恤，长六七十步，广十丈，出名鱼。"苟非深广若是，习人何以游为？然考郦注当在宜城界。本朝王文简公《蜀道驿程记》言："习家池在岘山南麓，一水泓然，下布文石，翠鬖手发，溅珠浮水面，与吾郡趵突、珍珠、金线诸泉相似。池方广亩许，稍东复有一池，才如半规，北汇为小潭，伏流而南为溪，由凤凰山下汉江。"

253

　　今度习家池面汉江，南接凤凰山，与文简所言无异。文简典蜀试在康熙十一年，其言近而可征，与志亦相合，岂郦注所云别有一池欤？乃坐池上，勺泉试茗，周历详视，珠泉涌出者入祠南，有田广亩许，土浸润，众泉所注可为池。文简所指为池者若欤？中有墩，广丈许，可为台，志所谓钓鱼台者戏欤？距文简之游仅百五十三年，而湮没又何其欤？且泉高而地卑，可资灌溉，蓄为油，当润田数百余顷。后人不解古人之意，不知潴水之法，以池委之汙、莱，而田有旱干之患矣。

　　夫废者举之，守土者之责，举之而利于民，尤守土者所宜急也。古人凿泉引水，不惜役夫之劳，不吝钱刀之费，益蜀蠲膏腴数亩也，以为戶浸，岂第为游观计乎？盖度地利以益民生也。蒋令曰："善，宜复旧规。浚其源，塞其流，为闸于池上，时启闭，以通畎浍，存古人之胜，亦襄阳水利之一焉，事不可以不急举。"余嘉其意，赋诗纪之。诸葛，寓贤也；羊杜，古之守土者也。余与大令忝职是邦，茂才诸君远从余游，亦有意于古之寓贤否乎？盍共为诗歌，以志斯游。

浚复高阳池碑记

［清］ 周 凯

　　岘山之南、凤凰山之西有池焉，汉习郁之所作也，初名习家池。郁字文通，官侍中，封襄侯，光武幸黎邱，与帝俱梦苏岭山神，使立祠，刻二石鹿于门者是也。父融，有德行，不仕。世居襄阳。郁引白马泉作池，筑大陂，设石洑效陶朱公养鱼法，一时亭馆称盛。晋习凿齿，其裔也，字彦威，著《汉晋春秋》于池西南许之谷隐寺。山简镇襄阳，酣酒池上，改名高阳池。《雍州记》："每岁上巳，太守修禊于此。"盖池之胜旧矣。明正德中，副使聂贤建亭池上。嘉靖末，副使江汇立杜祠以祀习凿齿、杜甫。国朝康熙七年，总戎杨公来嘉重建高阳池馆，毗邻毛会建为之记，其碑□尚存，极言亭台花木之盛。十一年，王文简公士祯典蜀试，《驿程记》载习家池甚详。乾隆五十八年观察王公奉曾建祠池上，试自为记，言池已荒没，仅存如半规者。何其兴废之相寻如是耶！

　　余以道光二年守是邦，政繁治剧，未暇游观。五年春正月，与襄阳令蒋君祖暄至其地，赏山水之幽退，慨池馆之阒寂，寻碑扪碣，发为歌诗。爰度其地，源泉肆出，蓄为池，可资灌溉，乃召父老而告之曰："地有游观之盛而不欲其湮没者，人情也；事有前贤之遗而必为之爱护者，亦人情也。然其情不敌衣食之急，今太守以游观役尔氏，太守不忍，复游观之胜兼复古人之迹则似有说，而太守不为，诗曰：‘相其阴阳，观其源泉。’言公刘立国，先求大利也。又曰：‘滮池北流，浸彼稻田。’言泉流虽微，有利畎亩也。《周官》稻人‘以潴蓄水，以防止水’，言水不蓄不止，则不能持久，而其利不溥。今天生不竭之水，地有可蓄之势，乃尔民贪尺寸之土，失数百顷之溉，计一家之人而忘数千人之获，无乃非计之得者欤。然此亦官无以利导之也。夫古人所见远出今人上，池凿自东汉，历唐、晋以至今，其间托之吟咏、著为篇章者在在可考，而未言池之利，宜其兴废相寻就湮没而不知惜也。今与父老约，官出钱，民出力，即故址深广之，设东西二石洑，以时启闭，则自白马陂以下田皆可溉矣。”父老曰：“诚如太守言。”遂捐廉买民田三亩，将鸠工，郡缙绅刘君可抡复捐田三亩，且曰：“此民事，无烦太守。”愿出资任其事。余与蒋君时往观焉，越三月而池成。池广三亩，深七尺，四围陂堤广丈许，栽枣、柳、芙蓉，下设石洑，稍西为小池二，以蓄泉源。又建亭于池中。

是役也，尽水泉之利，彰古今之迹，复游观之盛，一举而三善备。刘君其大有造于此池乎！因为之记，以告后之官斯土者，须知池为襄阳水利所关，畎亩所赖，勿再使荒没云。

高阳池修禊诗序

［清］周　凯

凯既浚复高阳池，以溉民田，士民遂葺亭馆台榭于池上。落成，适当道光六年丙戌三月三日，襄阳士民胥大和会请于太守，集宾僚庆池之成，遂修禊事，礼也。夫祓禊之典，成于周公成洛邑，秦汉沿为盛集，日用季春之巳。巳，祉也，祈介祉也。自魏以后但用三月三日，不以巳。第取盥，濯宿垢，为觞咏之乐，而要其始，实兴作有成，行庆礼焉。名曰禊者，除旧乐新也。

是集也，实合于古，凯允士民请，又虑重劳其费，乃命庖人治酒醴，具肴馔，以洁不以丰，如宾客、耆旧、士大夫，咸与授几肆筵，因池下潺湲澶回，石洑之水以灌田也；池上夭桑、柔荑、桃柳相间，权司马张君维屏、邑令蒋君祖暄所手植也；池中有台，甃文石为桥，郡缙绅刘君可抡所建也；池西北旧祠，习氏子孙所葺也。

前望汉水，帆色隐见，有山苍然，鹿门山也；其后群峰环抱，如鸟舒翼，凤凰山也；左眺白云，蓊蓊逶迤于三峰之表者，为岘首山。想见羊祜轻裘缓带，置酒其间，其声名非与山俱传者乎！而其右近杜甫故里，客亦有许身稷契者乎！我知其发为诗歌，缠绵忠爱矣。且夫羊祜当晋之初造，杜甫遭唐之中衰，干戈扰攘之际，祜独能柔辑斯民，其武帝表云：“平吴之后，重烦圣虑。”八王之争，盖逆料之矣。甫仅

奔行在拜拾遗、迁工部员外郎，事权不属，其俳恻之意，一寓于诗。然而忠君爱民之心，同有千古。

今凯与宾客皆生际熙朝，当太平无事之日，凯又承天子命以守是邦，事有利于民者，守宜为之，况复古人之迹乎！此凯浚池之本意也。今士民既从守浚池，复葺亭馆台榭其上，其成也，守亦宜为士民庆，翙裓者，洁也。君子亦洁其身洁其心而已，奚独除旧乐新哉。是集也，会者七十余人，有己仕者，有未仕者，其忠君爱民之心，度之无不同也，思羊祜、杜甫之为人可以风矣。其各赋一诗，乐观厥志焉，若云接䍠倒着，觞咏为乐，凯当让诸诸贤。同治丙寅年。

"高阳池馆"石刻拓片

习池四贤祠记

［清］周　凯

　　高阳池西旧有池，不详所祀。惟《志》载："明嘉靖间副使江汇建'习杜二公祠'于池上，祀晋习凿齿彦威、唐杜甫子美。"然仅详"古迹"，不列"祠庙"专条。国朝康熙七年，总戎杨公来嘉重建高阳池馆。乾隆五十八年，守道王公奉曾修池及祠。凯以道光五年春游池上，见池畔古屋三楹，半就倾圮，中奉栗主二，为晋山简季伦、汉习郁文通。中设释家像。急命僧扫除，去其像。江副使碑已失，杨、王二公碑犹存，一卧池侧，言亭台花木之盛；一嵌祠壁，言池之修广兴废。而皆不及祠。何祠之无专祀也？凯既与缙绅父老浚池，以广水利，为文记之。习氏子姓、邑庠生愿鸠族酿金葺祠，祠成，请所记。

　　凯曰：习生之志尚矣！礼圣王之制，祀典也。其道有五：曰法施于民，曰以劳定国，曰以死勤事，曰能御大灾，曰能捍大患。非此族也，不在祀典。今池凿自文通，传于季伦，其祀宜也。江副使之祀习、杜，义将何据？若云彦威习氏之贤，则习氏之宜祀者众。子美乡贤也，宜祀乡贤祠。按少陵诗文集及年谱，流寓吴、越、齐、赵、秦、蜀，晚年自夔下峡，抵江陵遇乱而返，终耒阳，未尝至此池，胡为祀于池上，岂于故里相近欤？惜其碑已没无可考，谨为稽之于史，证之于礼，迹其生平功业，有合祀典者，定专祀焉。

《习池四贤祠记》拓片

　　首宜祀晋征南大将军、仪同三司、都督荆襄交广四军事、节镇襄阳山公简。公始以仆射领吏部，上疏令群臣各举所知，以广贤路。及镇襄阳，多惠政。当四方寇乱，朝野危惧，刘聪之入洛阳，遣督护率师赴难，继屯夏口，招纳流离，江汉归附。五马南渡，晋室复兴，非公保障荆、襄而能之欤？礼所谓以劳定国者是也。

　　次宜祀汉侍中襄阳侯习公郁。公佐光武中兴，位列通侯，开池效范蠡种竹养鱼法，虽园亭之美盛于一时，而灌溉之利实贻万世，非所谓法施于民者欤？

　　次宜祀汉赠邵陵太守、零陵北部都尉加裨将军习公珍。公仕后汉，当孙权袭据荆州，约樊伷举兵，不克。权将潘浚攻之，招降不从，曰：

"受汉厚恩，当以死报。"会箭尽，以身殉焉。非所谓以死勤事者欤？

次宜祀晋荥阳太守习公凿齿。公为桓温从事，见温觊觎非望，著《汉晋春秋》裁正之。及见简文帝，谓温曰："得未曾有。"虽大忤温，而温志亦由此沮。后虽废海西，终其身不敢肆行篡弑者，公之力也。非所谓能捍大患者欤？宜书栗主，春秋祝之于祠。

或谓山公当干戈扰攘之际，放情高逸，不屑事事。不知山公之镇襄阳，务在安辑其民。设当晋武之初，其静镇何异羊钜平；而乃心王室，匡救其灾，惟谢安有同心焉；况勤王一举，实越石士雅之先声也。又谓，山公，晋人也，不宜先习氏。夫山公，名宦也；习氏，乡贤也。乡贤，主也；名宦，宾也。主宜由宾。通志列名宦于乡贤之前，礼有

《习池四贤祠记》碑局部

可据。又谓，习氏多贤，不独二公宜从祀。不知习氏子姓自有家祠，此特祀其功业最著而合于祀典者。故升山公于祠，而以习氏之宜祀者配，名曰"习池四贤祠"。若杜少陵忠义之气，一寓于诗，天下盖有专祠矣，必强而祀之祠上，恐少陵亦笑予之不典也。因为之记，以遗后之守斯土者，列于祀典，无废坠云。

大清道光六年秋，知襄阳府事、富春周凯撰。

为保存古迹、维持文化，
公恳发还原有薄产以便支持永久事

［民国］杨庆荣

民国乙亥年孟冬月，襄阳清理公产处将习家池田产收为公有，住持朱至蕴因不能维持生活，恳请各界代为呈请保留。经耆民齐国宾、曾鲁、任约海、杨子芳、徐汉卿、谢绍迂、吕安润、杨庆溶、徐定礼、叶经一等据情呈请专署。适程公泽润督察是邦，培植襄阳古迹文化不遗余力，接阅后沐批，饬令该处发还。兹将原呈及批示勒石，俾后之因习家池田产发生问题者一望而知，异议自息云尔。

是为记。

为保存古迹、维持文化，公恳发还原有薄产以便支持永久事：缘者民等均籍隶襄阳。所有古迹，首推隆中，次为习家池。在昔专制时代，凡总督巡阅、学使岁科到襄，公余即作隆中、习家池之游。即今学校林立，襄阳各校春秋旅行亦赴隆中、习家池，为远足运动之举，历年习以为常，习非徒览风景、访名胜已也。隆中诸葛大名久垂宇宙，习池山简高士共酌壶觞，此皆山川钟毓之气、花木荟萃之区，骚人墨客慕其人，思其事，搜索名区之断碑残碣，为种种考究古物之辅助。习池与隆中并重，关系实非浅鲜，将委员长前年位襄，景仰□武侯，

263

特捐巨资重修隆中，琳琅璨烂，脍炙人口，今年清理公产处将习家池原有之薄产田地十亩整提去，至今该处住持不能维持生活，曷胜慨然！耆民等细思，大凡名胜之区，文化所关，若无固定之产以为岁修看守之的款，日久必烟销云散，成为古邱，慎非维持永久之道，今习家池薄产三十余亩，丰收仅能顾及住持伙食，倘再提去若干，生活不能维持，住持舍而之他，不数年间古迹何存？揆诸苟委员长保护古迹、维持文化之至意未免不符。耆民等望古兴感，不忍迹灭。是以不揣冒昧，公恳钧座保留古迹，饬令清理公产处将习家池之薄产十亩整发还该处住持，为支持岁修等项永久记。在公家，收入去一习池产，如九牛之一毛，而在习池住持能保有此产，可为名胜永久之计。倘蒙允准，俾"习家池"二字长留于襄阳民众耳目间，不仅军、政、商、学、农、工各界可以游赏观感，既前代名宦乡贤亦可流传于无穷也！为此，掬忱呈请钧署鉴核，节遵实为公使，谨呈。

　　旋奉。批呈：悉查襄阳名胜如隆中、习池等所原有田产，自应妥为保存，清理公产处无收为公有之规定。据称各节，仰即饬令该处查明发还可也。

　　此批

耆民杨庆荣谨撰

耆民徐汉卿书丹

耆民张立迁监工

中华民国乙亥年嘉平月吉日习家池住持朱至蕴敬立

264

参考文献

《千年习家池》，襄阳市政协学习文史资料委员会编，中国文史出版社 2012 年 12 月版。

《习凿齿传》，叶植著，湖北科学技术出版社 2013 年 8 月版。

《释道安传》，胡中才著，湖北科学技术出版社 2013 年 1 月版。

《刘秀传》，李明著，湖北科学技术出版社 2013 年 1 月版。

《习凿齿与〈汉晋春秋〉研究》，余鹏飞著，湖北人民出版社 2013 年 7 月版。

《校补汉晋春秋》，原著：（晋）习凿齿，辑录：（清）汤球、黄奭、王仁俊，校补：余鹏飞，湖北人民出版社 2013 年 7 月版。

《汉晋春秋通释》，柯美成汇校通释，人民出版社 2015 年 7 月版。

《寻芳习家池》，李春雷，原载《人民日报》2014 年 11 月 12 日 24 版。

《襄阳"冠盖里"考释》，黄惠贤，武汉大学人文科学学院 2000 年 6 月。

《从〈晋承汉统论〉看习凿齿的正统史观》，赵海旺，《甘肃理论学刊》2006 年 7 月第 4 期。

《习凿齿史学思想简论》，郑先兴，《许昌学院学报》2006 年 1 月。

《论习凿齿的理想人格与习家家风》，郑先兴，《南阳师范学院学报（社会科学版）》2016 年 8 月。

《资治通鉴》，中华书局 2009 年版。

《襄阳府志》，大清光绪乙酉年重修版。

《湖北下荆南道志》（校注本），潘彦文、郭鹏总校注，长江出版社2015年1月版。

《历代咏襄阳诗集注》，李元明主编，长江文艺出版社2012年9月版。

《习家池诗词集》，高军主编，中国文史出版社2015年6月版。

《唐诗三百咏襄阳》，邹演存纂辑，（93）鄂印丹图内字6号。

《习氏与襄阳》，陈乐一主编，襄阳历史文化丛书（内部版）。

襄阳市博物馆

后 记

　　习家池是中华民族悠久历史的结晶和优秀传统文化的瑰宝，也是特殊的重点文物。作为一处承载着丰富历史文化内涵的古迹，习家池见证了历史的变迁和时代的更迭，蕴含着取之不尽、用之不竭的宝贵资源和精神财富。

　　为赓续城市文脉，讲好襄阳故事，提升城市影响力，推动文化旅游发展，发挥文史资料"存史、资政、团结、育人"作用，打造一张对外宣传推介襄阳的文化新名片，市政协于2022年底启动编撰《流芳习家池》一书的工作。

　　为做好本书编撰工作，我们广泛搜集各类历史资料和文献记载，深入实地探访，充分吸收古今学术成果，全面梳理习家池的来龙去脉，力求还原习家池的真实面貌。我们希望通过这部专辑，系统展示习家池的历史风貌、文化内涵和人文价值，让更多的人了解和关注这一宝贵的文化遗产。经过一年半的努力，本书得以付梓面世。

　　中共襄阳市委对本书编撰工作高度重视、大力支持，多次听取工作汇报，审改并提出修改完善意见。襄阳市政协统筹本书编撰工作，定期召开会议研究讨论，协调推进史料搜集、编辑、审核、出版等工作。吴新共同志作为执笔人，潜心研究，为本书付出了辛勤努力，倾

襄阳古城夜色

注了大量心血。在本书编撰出版过程中，曾玉平、蔡靖泉、余鹏飞、郑浩、张再东、叶植、方莉、刘国传、秦军荣、姜振华、刘水露、黄有柱等专家学者提出了宝贵意见，中国文史出版社、襄阳市文化和旅游局、市文物管理处、市图书馆、市博物馆、汉江国有资本投资集团有限公司、市城建档案馆、市档案馆、襄阳市融媒体中心、市摄影家协会等单位给予了大力支持。本书图片由赵兴沛、梁峡玉、刘文生、周汉、邓少宏、释贵明、邵本刚、陈晶阳、万笛、马军、吴新兵、赵蔚霞、黄健、安富斌、陈景彬、郑永强、李连生、刘吉阳、朱建辉、李小玲、齐永中、何平原、张玉涛、李秀桦、王定文、杨东等拍摄或提供。在此一并表示衷心的感谢！

由于水平所限，本书在史料考证、句文解读、总结提炼等方面难免有值得商榷推敲之处，敬请读者批评指正。

编委会

2024 年 6 月

襄阳古城新貌

图书在版编目（CIP）数据

流芳习家池/中国人民政治协商会议襄阳市委员会编 .
-- 北京：中国文史出版社，2024. 6. -- ISBN 978-7-5205-4718-5

Ⅰ. TU986.5

中国国家版本馆 CIP 数据核字第 2024BD4775 号

责任编辑：梁　洁　装帧设计：杨飞羊

出版发行：中国文史出版社

社　　址：北京市海淀区西八里庄路 69 号　邮编：100142

电　　话：010-81136601　81136698　81136648（联络部）
　　　　　010-81136606　81136602　81136603（发行部）

传　　真：010-81136677　81136655

印　　装：北京地大彩印有限公司

经　　销：全国新华书店

开　　本：787mm×1092mm　1/16

印　　张：18.5

字　　数：200 千字

版　　次：2024 年 6 月北京第 1 版

印　　次：2024 年 6 月第 1 次印刷

定　　价：99.00 元
